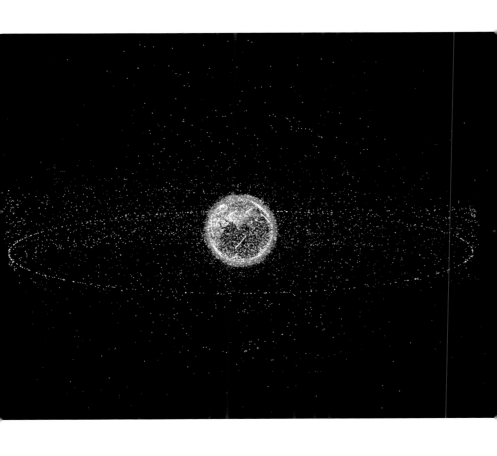

1 지구 주변의 인공우주물체들을 나타낸 3D 그래픽 이미지.(한국천문연구원)
흰 점은 인공위성, 파란 점은 우주발사체 잔해, 붉은 점은 그 외 인공우주물체의 잔해이다.
즉, 붉은 점과 파란 점이 모두 우주 쓰레기이다.

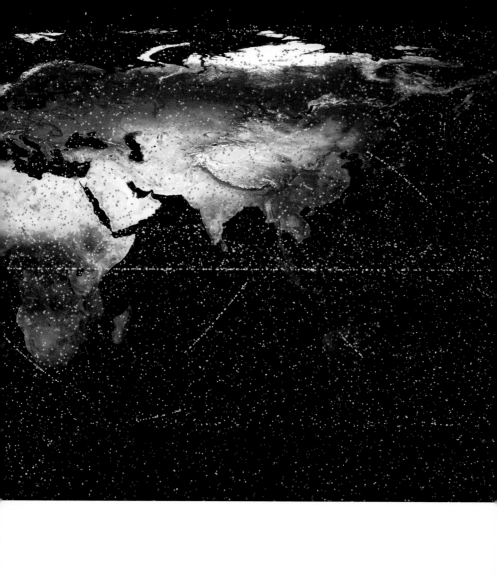

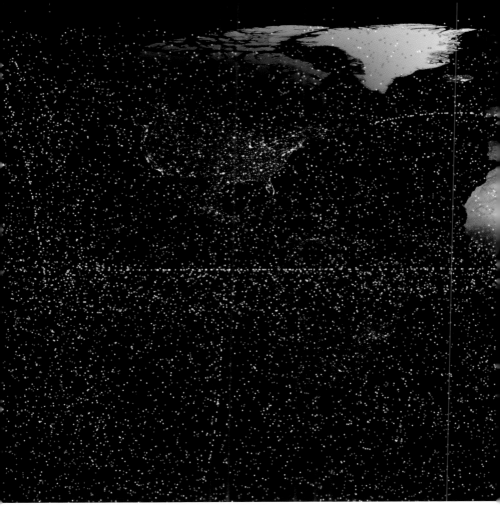

2 지구 주변의 인공우주물체들을 나타낸 2D 그래픽 이미지.(한국천문연구원)
적도면을 따라 위치한 정지궤도 위성들과 사선으로 줄지어 날아가는 스타링크 위성들의
모습을 확인할 수 있다.

3 2008년 9월 29일, ATV-1 무인 우주선이 대기권 상층부에 진입한 후 고도 78킬로미터에서 부서지며 추락하는 모습이다. 우주선의 파편들은 태평양으로 떨어졌다.(NASA/ESA)

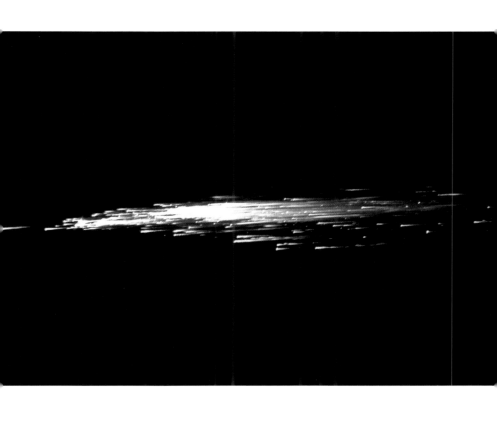

4 ATV-1 무인 우주선이 대기권에 재진입하면서 분해되는 모습을 태평양 상공에서 DC-8 항공기가 촬영한 사진이다.(NASA/ESA/Jesse Carpenter/Bill Moede)

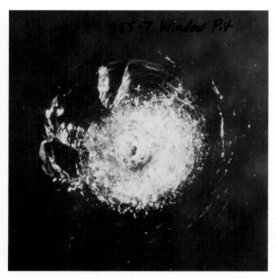

5
0.1밀리미터 정도 크기의
우주 쓰레기와의 충돌로 인해
우주왕복선 챌린저호의 창문에 난
구멍이다.(NASA)

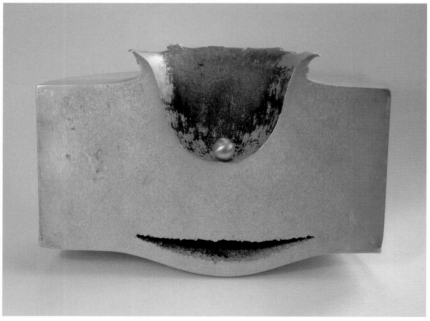

6   우주 쓰레기의 파괴력을 보여주는 실험. 지름 1.2센티미터 크기의 알루미늄 구가
     초속 6.8킬로미터로 18센티미터 두께의 알루미늄판과 충돌한 모습이다.(ESA)

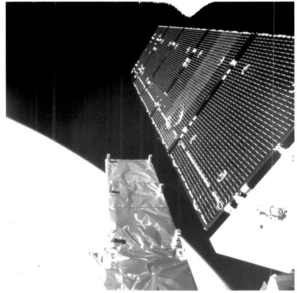

7 센티널 1A 인공위성의 태양전지판이 수 밀리미터 크기의 파편에 부딪혀 40센티미터가량의 손상이 생겼다. 충돌 전(위쪽)과 후(아래쪽)의 모습이다.(ESA)

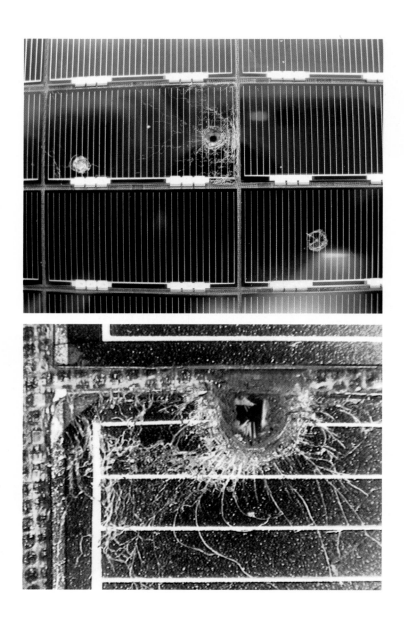

8 2002년 3월 유럽우주기구에서 회수한 허블우주망원경 태양전지판의 모습.
여러 번에 걸친 우주 쓰레기와의 충돌로 2.5밀리미터 크기의 구멍이 뚫렸다.(ESA)

9   우주 쓰레기와의 충돌로 인해 손상된 허블우주망원경을 수리한 부분들을 표시한 사진이다.
7년간 500개가량의 충돌 자국이 생겼다.(NASA)

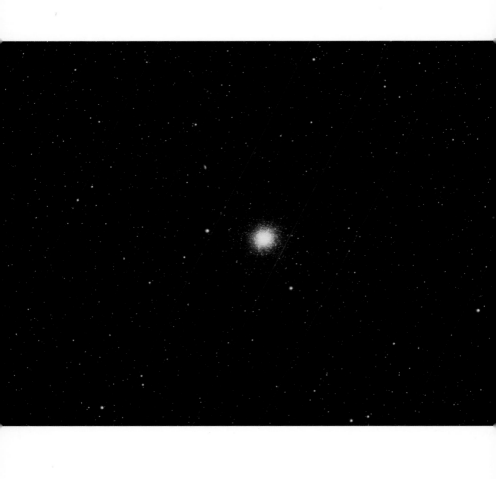

10 2020년 6월 22일 21시경 충북 괴산에서 촬영한 구상성단 M13 사진.(한국천문연구원)
스페이스 엑스의 스타링크 인공위성 여덟 대가 남긴 궤적이 함께 촬영되었다.
인공위성이 천체 관측을 방해할 수 있다는 천문학계의 우려가 현실임을 보여준 사례이다.

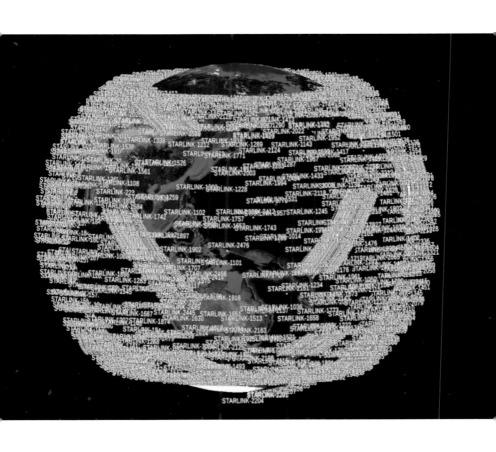

11 2021년 5월 기준 지구 상공에 떠 있는 1670여 개의 스타링크 인공위성을 표시한 사진이다.
(한국천문연구원)

12 한국천문연구원 우주물체감시실. 우주물체감시실에서는 우주물체를 관측·분석하여
추락·충돌 등 위험 상황을 모니터링한다.(한국천문연구원)

13 한국 최초의 우주감시 시스템인 우주물체전자광학감시네트워크 아울넷.
좌측 상단부터 OWL1호기(몽골), OWL2호기(모로코), OWL3호기(이스라엘),
OWL4호기(미국), OWL5호기(한국).(한국천문연구원)

14 한국의 위성 레이저 추적 관측소. 세종에 설치된 40센티미터급 이동형 위성 레이저 추적 관측소(위)와 거창 감악산에 설치된 1미터급 고정형 위성 레이저 추적 관측소(아래)의 모습이다.(한국천문연구원)

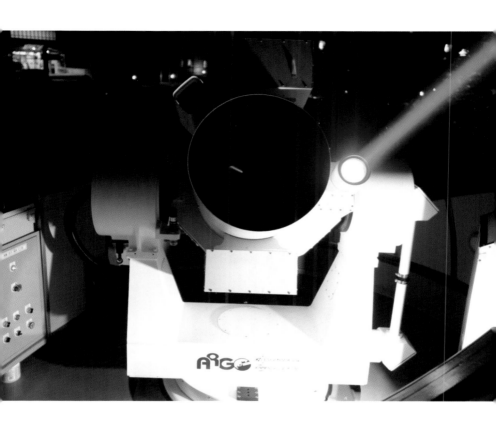

15 이동형 위성 레이저 추적 망원경. 인공위성을 추적하기 위해 오른쪽 작은 원에서 레이저가
발사되고, 발사된 레이저는 인공위성에 닿아 반사되어 왼쪽의 큰 망원경으로 수신된다.
(한국천문연구원)

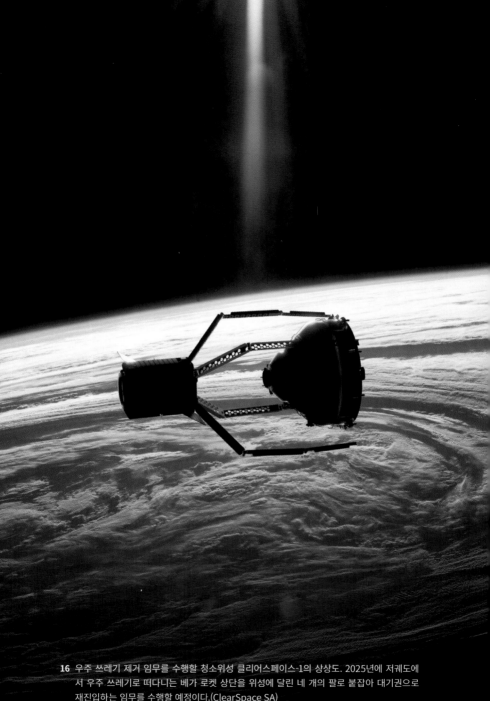

16 우주 쓰레기 제거 임무를 수행할 청소위성 클리어스페이스-1의 상상도. 2025년에 저궤도에서 우주 쓰레기로 떠다니는 베가 로켓 상단을 위성에 달린 네 개의 팔로 붙잡아 대기권으로 재진입하는 임무를 수행할 예정이다.(ClearSpace SA)

우주 쓰레기가 온다

우주 쓰레기가 온다

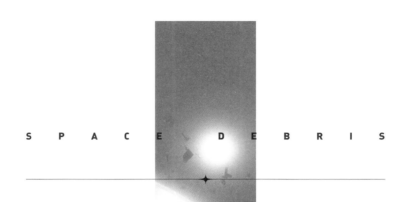

SPACE DEBRIS

지속 가능한 평화적
우주 활동을 위한 안내서

최은정 지음

갈매나무

지구 밖의 쓰레기가
인류를 위협하고 있다

사람들은 계속해서 점점 더 높은 곳을 향해 가려고 한다. 걸어서 갈 수 없다면 비행기를 만들고 우주선을 만들어 탐험하려고 한다. 비행기가 다니는 1만 미터 상공을 넘어 우주가 시작되는 고도 10만 미터, 즉 100킬로미터를 넘어 우주로 나가고 싶어 한다. 이제 고도 400킬로미터에는 국제우주정거장International Space Station, ISS이 있고 그곳에는 사람도 살고 있다. 그리고 그보다 더 먼 곳에는 사람을 대신해 우주선을 쏘아 올리고 있다.

　우주로 나가면 10층, 100층 높이에서도 보이지 않던 것들을 볼 수 있다. 한 나라 전체의 영토가 한눈에 보일 수도 있고, 바다 같았던 곳이 사실은 큰 호수의 한 부분이었다는 것도 알 수 있다. 더 높이 1만 킬로미터까지 가면 지구가 푸른 하늘과 바다 그리고 하얀 구름으로 이루어진 덩어리처럼 보이게 된다. 더 높이 고도 3만 6000킬로미터까지 올라가면 지구의 3분의 1이 한눈에 보인다. 이곳에도 인공위성이 있다. 인공위성이 보는 풍경을 통해 우리는 지구에서 어떤 일이 일어나는지를 알 수 있고, 우주라는 새로운 세계를 경험할 수 있다.

우주space라는 말은 인간이 갈 수 있는 공간space 개념을 나타낸다. 현재 인간의 활동 영역이 된 태양계 안은 모두 우주 공간이 될 수 있다. 지구의 대기권 안을 내기권inner space, 대기권 밖을 외기권outer space, 지구에서 달까지의 거리의 약 다섯 배인 200만 킬로미터 떨어진 곳부터는 심우주deep space라고 정의한다. 대기권 밖으로 지구와는 완전히 다른 환경이 펼쳐지는 곳, 즉 외기권이 우리가 흔히 말하는 우주다. 우주로 쏘아 올린 인간의 꿈은 이제 현실이 되고 있다. 우주가 관찰과 동경의 대상이 아니라 체험하고 생활할 수 있는 현실의 공간이 되어가고 있는 것이다.

인류가 우주개발을 해온 60여 년이 넘는 시간은 지구 궤도에 인공위성과 우주 쓰레기를 뿌려온 시간이기도 하다. 어쩌면 인류의 꿈을 실현시키고 장렬히 전사한 인공위성들이 지구 궤도에 유물처럼 보존되어 있다고도 할 수 있다.

지구 궤도에는 이미 수많은 인공위성과 인공위성을 쏘아

올리고 남겨진 로켓의 잔해 그리고 충돌로 발생한 잔해물들이 우주 쓰레기가 되어 떠다니고 있다. 그리고 그 양은 가파른 속도로 증가하고 있다.

미국 합동우주사령부 연합우주작전센터Combined Space Operation Center, CSpOC는 지상에서 광학망원경과 레이더를 이용해 관측 가능한 지름 10센티미터 이상의 인공우주물체를 찾아내고 있다. 인공위성과 우주 쓰레기를 포함해 지금까지 발견되어 등록된 인공우주물체의 수는 총 4만 8000여 개에 이른다. 그중 인공위성이 1만 1000여 개이고, 우주 쓰레기가 3만 7000여 개이다. 등록된 인공우주물체 가운데 지구 대기권으로 추락해 사라진 2만 5000여 개를 제외하면 현재 지구 궤도에는 2만 3000여 개의 인공우주물체가 남아 있다. 그중에서도 운용 중인 인공위성은 10퍼센트 정도인 2300여 개밖에 되지 않는다. 지구 궤도에 떠다니는 물체 가운데 90퍼센트가 우주 쓰레기인 것이다. 만약 발견되지 않은 우주 쓰레기까지 모두 찾아낼 수 있다면 그 수는 1억 개가 넘을 것으로 추정된다.

가장 많은 인공위성을 발사한 나라는 역시 미국이다. 지구 궤도에 남아 있는 인공위성 가운데 2500여 개는 미국 소유이고, 우주 쓰레기도 5000여 개는 미국 소유이다. 러시아가 1500여 개의 인공위성과 6500여 개의 우주 쓰레기를 가지고 있고, 중국도

400여 개의 인공위성과 3700여 개의 우주 쓰레기를 갖고 있다. 전체 우주 쓰레기 가운데 상당수는 우주 공간에서 일어난 폭발과 충돌로 발생했다.

1957년의 지구 궤도와 1960년대, 1980년대의 지구 궤도 그리고 2020년대의 지구 궤도는 그 모습이 완전히 달라졌다. 시간이 지날수록 인공위성과 우주 쓰레기로 지구 궤도는 빼곡히 채워지고 있다.

* * * *

나는 1997년 대학원 석사과정을 밟으며 우주 쓰레기에 대한 연구를 시작했다. 인공우주물체 수의 증가로 인한 인공위성의 폭발 혹은 충돌 위험을 분석하는 연구였다. 이때만 해도 우주 쓰레기의 위험성에 관심을 가지는 사람은 드물었다.

논문을 쓸 당시인 1990년대 후반에는 전 세계적으로 인공위성 개발 붐이 일었다. 고도 500~2만 킬로미터에 수십 대의 인공위성을 띄워 지구촌을 연결하겠다는 야심 찬 계획들이 속속 발표되고 있었다. 그러다 보니 드넓은 우주에서 실제로 우주 쓰레기로 인해 위험한 일이 생길 거라고 생각한 과학자는 몇 명 되지 않았다. 사실 알고 있었다 해도 위험을 생각하기보다는 인공위성을 만들어 우주로 내보내는 데 급급했을 것이다.

군집constellation을 이룬 저궤도 통신위성들로 지구 전역을 커버하는 통신망을 만들겠다는 계획을 이리듐Iridium, 글로벌스타Globalstar, 인텔샛Intelsat 등의 민간기업이 잇달아 발표하면서 전 세계적으로 위성 개발 사업이 호황을 누리던 시기였다. 이리듐에서는 77대, 글로벌스타에서는 48대, 인텔샛에서는 74대의 인공위성이 발사되었다. 위성 통신망을 이용해 통신망이 구축되어 있지 않은 사막이나 바다, 극지방 등을 포함해 지구촌 어디서나 통신이 가능하도록 하겠다는 목표였다.

모두가 인공위성 개발에 집중할 때 나는 인공위성의 급격한 증가를 우려하며 우주 쓰레기에 관한 연구를 했다. 수십 개의 인공위성이 군집을 이루면서 우주의 복잡도가 증가하고, 폭발 위험이나 다른 위성과의 충돌 위험이 높아질 수 있음을 예측했다.

1998년 11월 29일, 8811개의 인공우주물체가 지구 상공을 선회하고 있습니다. 1990년대 이후로 이리듐, 글로벌스타 등 저궤도 통신위성의 발사가 본격적으로 가속화되고 있어 우주 공간은 더욱 복잡해지고 있습니다. 중요한 문제는 8811개 중 단 910개만이 정상적인 운용을 하는 위성이고, 나머지는 우주 쓰레기라는 것입니다.[1]

역사는 진화하지만 반복된다고 했던가. 2021년 우주개발은 민간 우주산업의 발전으로 다시 한번 호황을 맞고 있다. 그런데 이제는 우주 쓰레기의 위험성에 관심을 갖는 사람들이 늘어났다. 우주 쓰레기로 인해 운용 중인 인공위성이 위험할 수 있다는 사실을 몇 차례 경험했고, 지상으로 떨어지는 우주 쓰레기가 인류에게 위험이 될 수 있다는 것 또한 알게 되었기 때문이다. 과거보다 더 빠르게 인공위성의 숫자가 늘고 있다는 사실도 더 이상 위험을 모른 체할 수 없는 이유이다.

2020년 12월 23일 기준, 2만 2055개의 인공우주물체가 지구 궤도에 남아 있습니다. 9월에 비해 738개의 인공우주물체가 늘어났습니다. 그중 운영 중인 인공위성은 약 16퍼센트인 3576개이고, 나머지는 모두 우주 쓰레기로 지구 궤도에 남아 있습니다.[2]

나는 현재 한국천문연구원 우주위험감시센터에서 우주상황을 분석하고 우주위험을 예측하는 일을 하고 있다. 그 일환으

---

1   최은정(1998), 〈폭발로 인한 위성파편의 충돌 예측 및 인공위성 데이터베이스 개발〉(석사학위), 연세대학교 대학원 천문우주학과.

2   한국천문연구원, 〈우주환경감시기관 우주물체 현황 보고서〉, 2020년 12월.

로 매달 인공우주물체의 현황에 대한 자료를 분석한다. 이 자료는 과거나 지금이나 미국에서 공개하는 자료에 의존하고 있다. 물론 미국이 공개하지 않는 군사 목적의 자료는 빠져 있다.

내가 논문을 썼던 22년 전과 비교하면 운영 중인 인공위성의 수는 네 배, 우주 쓰레기의 수는 세 배 가까이 증가했다. 더구나 이제는 수십 년간 발사된 것보다 더 많은 수의 인공위성이 매달 발사되고 있다. 지구 전역에 초고속 우주 인터넷 서비스를 제공하겠다는 계획하에 스페이스 엑스Space X의 스타링크starlink를 필두로 영국의 원웹Oneweb 등의 글로벌 기업이 인공위성을 계속해서 우주로 내보내고 있다. 수십 대 규모의 군집위성이 아니라 이제는 수만여 대에 이르는 초대형 군집위성mega constellation을 이루겠다는 것이다. 과거와 오늘날의 인공위성 개발 붐은 그 양상은 닮았지만, 규모는 훨씬 더 커졌다.

다행인 점은 우주 쓰레기에 대한 국제적인 관심 또한 과거에 비하면 훨씬 높아졌다는 것이다. 발등에 불이 떨어진 격이다. 당장 인공위성을 발사하는 데에도 우주 쓰레기가 방해일 뿐만 아니라 운용 중인 인공위성이 안전하게 임무를 수행하는 데에도 지장을 주기 때문이다. 아무리 많은 인공위성을 보내도 부딪힐 염려가 없을 것 같았던 드넓은 우주가 이제는 버려진 우주 쓰레기들을 피해 다녀야 하는 복잡하고 붐비는 공간이 된 것이다. 앞

날을 위해서는 지구 궤도에 떠다니는 우주 쓰레기 문제를 해결해야 한다는 사실을 이제는 전 세계가 깨달아가고 있다.

점점 더 붐비는 지구 궤도에 인류는 계속해서 우주 쓰레기를 남기고 있다. 지구의 환경오염뿐만 아니라 지구 밖의 쓰레기가 인류를 위협하고 있다. 지속 가능한 우주환경을 위해 그리고 안전한 지구환경을 위해 인류가 해야 할 일은 무엇일까?

인간의 우주 활동으로 복잡해지고 위험해진 우주에서 우리는 어떻게 우주로부터의 위험에 대비해야 할까? 인류의 평화로운 우주 활동을 위한 해법이 필요한 때이다.

차 례

4 밤하늘을 가득 메운 인공위성의 습격

2부 떨어지고 충돌하는 우주로부터의 위험

5 지구로 추락하는 우주물체들

6 충돌하는 인공위성과 우주 쓰레기

7 우주위험을 감시하라

3부 지속 가능한 평화적 우주 활동을 위한 안내서

8 인류가 우주에서 지켜야 할 규범

9 우주 쓰레기를 줄이기 위한 인류의 노력

1부

ACE DEBRIS

뉴 스페이스 시대, 붐비는 우주

1

지구를 둘러싼 우주 쓰레기

우주에도 인간은 쓰레기를 남긴다

어느 날 《작은 것이 아름답다》라는 환경잡지의 편집장으로부터 인터뷰를 요청하는 메일이 왔다. 텐궁天宮 1호가 지구로 추락한 것을 보고 우주 쓰레기 문제에 관심이 생겨 연락했다는 것이다. 텐궁 1호가 추락할 당시 나는 우주위험 대응 비상상황실에서 텐궁 1호가 언제 어디로 떨어질지를 분석해 한국에 피해가 있을지를 예측하는 일을 했다. 워낙 국민들의 관심이 컸던 사건이라 라디오 생방송이나 신문 인터뷰를 하기도 했는데 그때 난 기사를 보고 연락한 것이었다.

나는 흔쾌히 인터뷰에 응했다. 우주 쓰레기에 관심을 보이는 사람이 있다는 것만으로도 무척 반가웠고, 환경잡지와의 인터뷰라니 호기심도 생겼다.《작은 것이 아름답다》는 2019년부터 땅·바다·강을 주제로 특별호를 냈고, 마지막으로 하늘을 주제로 한 특별호를 준비하고 있었는데, 하늘의 연장선에서 우주의 환경문제를 다루고 싶다고 했다. 우주 쓰레기를 분석하고 그 위험을 알리는 일을 하는 나에게 우주 쓰레기는 과학기술의 관점에서만 접근했던 문제였다. 우주 쓰레기를 환경의 관점으로 보고 접근한 인터뷰 요청은 나의 좁은 시야를 넓혀주었다.

인류가 지구환경에 미친 영향은 너무도 크다. 늘어난 인류의 활동과 기술의 발전은 우리 삶을 편리하고 윤택하게 만들어주었지만, 그에 따른 부작용은 무시할 수 없는 수준에 이르렀다. 환경오염으로 인한 지구 온난화와 기후 변화는 인류가 감당할 수 있는 수준을 넘어가고 있다. 그야말로 위기의 순간을 맞이한 것이다.

인간이 가는 모든 곳에는 쓰레기가 남는다. 남겨진 쓰레기가 결국은 인류에게 위험으로 되돌아온다는 것을 지구 안에서는 경험했다. 그러나 이제 인류의 활동 범위는 지구뿐만 아니라 지구 밖으로까지 늘어났다. 우주에도 인류는 쓰레기를 남기고 있다.

우주 공간에 있는 인간이 만든 물체를 통틀어 '인공우주물체'라고 한다. 지구 궤도에 있는 모든 인공우주물체는 임무를 수행 중인 살아 있는 인공위성과 그들을 제외한 나머지로 나뉜다. 그 나머지를 통틀어 우주 쓰레기space junk 또는 스페이스 데브리 space debris(우주잔해물)라고 한다. 수명이 다하거나 고장 나서 기능을 수행하지 못하는 버려진 인공위성, 인공위성을 발사하기 위해 사용된 우주발사체에서 분리된 페어링이나 로켓 상단 등의 잔해, 인공위성이 폭발하거나 다른 물체와의 충돌한 결과 발생한 파편 그리고 우주비행사가 작업하다 놓친 공구까지. 인간이 만든 것 중에서 쓸모없어진 채로 지구 궤도에 남겨져 떠다니는 모든 것을 가리킨다. 현재 지구 궤도를 돌고 있는 인공우주물체 가운데 90퍼센트 이상이 우주 쓰레기다.

"앞으로도 우주물체를 새롭게 쏘아 올리고, 그만한 양이 쓰레기로 떠도는 우주개발의 악순환이 계속될 것으로 보입니다. 폐기된 우주물체들은 어떤 결과를 가져올까요?", "인류의 문명이 누리는 개발과 편리가 그만한 크기의 대가를 동시에 지불하고 있는 상황을 이야기해야 하지 않을까요?" 편집장의 이러한 질문들은 내가 해야 할 일을 다시 확인시켜주는 것 같았다. 모든 개발에는 그로 인한 이익과 동시에 부작용이 있기 마련이다. 그 부작용을 최소화하는 방법을 누군가는 고민해야 하고, 필요하다면 경고를 보내기도 해야 한다. 지금부터 그 이야기를 시작하려고 한다.

우주에 남겨진 가장 오래된 인공위성

우주 시대는 1957년 10월 4일 세계 최초의 인공위성 스푸트니크 1호Спутник-1가 발사되며 시작되었다. 러시아어로 동반자라는 뜻을 가진 스푸트니크는 지름 58센티미터, 무게 80킬로그램의 공모양에 네 개의 안테나를 달고 있다. 이 인공위성은 전 세계를 '스푸트니크 충격sputnik shock'에 빠지게 하며 우주 시대를 여는 신호탄이 되었다.

위성satellite은 그리스 로마 시대에 왕이나 귀족 등 주인의 곁을 떠나지 않고 그 주위를 맴돌며 지키고 보호하는 수행자, 즉 오늘날의 경호원과 같은 역할을 했던 사람을 가리키는 라틴어에서 유래한 단어이다. 지구 주위를 도는 달처럼 행성 주위를 도는 것을 위성이라고 하는데, 1957년 이전에는 달이 지구의 유일한 위성이었지만, 스푸트니크 1호가 발사된 이후부터는 수많은 '인공'위성이 달처럼 지구 주위를 돌게 되었다. 특별히 '인공위성 artificial satellite'이라고 부르는 것은 특수한 목적을 수행하도록 인

우주 쓰레기가 온다

간이 만들었기 때문이다.

근지점 고도 227킬로미터, 원지점 고도 945킬로미터[3]인 타원궤도로 지구 주변을 돌았던 스푸트니크 1호는 발사한 지 3개월이 지난 1958년 1월 3일 지구 대기권으로 떨어져 흔적도 없이 사라졌다. 하지만 스푸트니크 1호의 발사 성공은 이후 미국과 소련, 중국, 일본, 유럽 등 세계 각국의 우주개발 경쟁을 일으켰다.

1958년 2월 1일 미국은 좀 더 높은 타원궤도인 근지점 고도 379킬로미터, 원지점 고도 2580킬로미터에 무게 14킬로그램, 직경 15센티미터의 연필 모양의 익스플로러 1호Explorer 1를 발사했다. 소련과 미국의 본격적인 우주 경쟁이 시작된 것이다. 미국은 '최초의 인공위성'이라는 타이틀은 빼앗겼지만, 익스플로러 1호로 과학적인 성과를 얻었다. 방사선 측정 장치를 탑재한 이 인공위성은 도넛 모양의 지구를 둘러싸고 있는 방사선대인 밴앨런대Van Allen belt를 발견했다. 익스플로러 1호는 12년간 지구를 돌다 1970년 3월 31일에 지구로 떨어졌다.

1958년 3월 17일에 발사된 직경 16.3센티미터에 무게가 1.5킬로그램밖에 되지 않는 뱅가드 1호Vanguard 1는 발사된 후 7년간

3　지구 둘레를 도는 위성이 궤도상에서 지구와 가장 가까워지는 점을 근지점perigee, 가장 멀어지는 점을 원지점apogee이라 한다.

신호를 보내왔다. 금도금한 알루미늄 구 모양의 뱅가드 1호는 지구의 크기, 대기의 밀도와 온도 등 지구의 물리적 환경을 파악하는 데 공헌했다.

스푸트니크 1호와 익스플로러 1호는 모두 지구의 대기로 추락해 사라졌다. 그런데 뱅가드 1호는 지금도 여전히 우주에 남아 있다. 뱅가드 1호는 우주에 남겨진 가장 오래된 인공위성으로 앞으로도 200년 이상 지구 궤도를 떠다닐 것으로 예상된다.

첫 인공위성, 첫 유인 우주선 발사, 첫 유인 달 착륙, 첫 화성 탐사와 첫 소행성 탐사 등 우주를 향한 인류의 꿈은 계속되었고, 인류는 점점 우주를 개척해나갔다. 미소 우주 경쟁 시대에 쏘아 올려진 수많은 인공위성은 과학적 사실을 밝혀내기도 하고, 군사 임무를 수행하기도 했다.

1957년 이후 지금까지 발사된 인공위성은 1만 1000여 대이다. 1957년 한 대의 인공위성 발사로 시작해 63년이 지난 2020년에는 한 해에만 1200여 대의 인공위성이 발사되었으니, 인공위성의 개발 속도가 얼마나 빨라졌는지 가늠할 수 있다. 미국이 공개하고 있는 인공우주물체 정보에 따르면 지구 궤도에서 발견된 인공위성의 수는 미국이 3700여 대, 러시아 3600여 대, 중국 530여 대, 일본 250여 대, 유럽연합 100여 대 그리고 한국이 35여 대 정도이다. 우주 활동이 많아지면서 지구 궤도에서 활동하는 인공위성의 수는 가파른 속도로 증가하고 있다.

물론 발사된 인공위성이 모두 그대로 지구 궤도에 남는 것은 아니다. 스푸트니크 1호나 익스플로러 1호처럼 짧게는 몇 달에서 길게는 수십 년 동안 지구 궤도를 떠다니다가 결국 지구로 떨어져 사라지기도 한다. 발사된 인공위성 가운데 약 40퍼센트는 이미 지구로 떨어졌다.

문제는 뱅가드 1호처럼 다 쓰고 버려진 채로 줄곧 지구 궤도에 남아 있는 인공위성이다. 발사체에 실려 우주로 간 인공위성은 임무를 수행한 이후 대부분 지구 궤도에 방치된다. 자연의 힘으로 고도가 점차 낮아져 대기권에 진입해 연소되지 않는 이상 지구 궤도를 오랜 기간 떠다니게 된다.

인공위성을 쏘아 올린 로켓의 잔해들

"10, 9, 8, 7 … 1, 발사!" 굉음과 함께 나로호가 하얀 연기를 뿜으며 지상을 박차고 하늘로 올라갔다. 2013년 1월 30일, 한국 나로우주센터에서 한국이 만든 인공위성 나로과학위성STSAT-2C을 쏘아 올리는 우주발사체 나로호Korea Space Launch Vehicle-1, KSLV-1가 발사된 순간이다.

우주개발이라고 하면 사람들은 보통 하얀 연기를 뿜으며 발사대를 떠나는 로켓을 떠올린다. 지구를 벗어나 우주로 탑재체를 실어 나르는 운송수단을 모두 로켓이라고 부른다. 그중 인공위성이나 우주선을 실어 올리는 로켓은 우주발사체라고 하고, 인공위성 대신 폭탄과 같은 무기를 실으면 미사일이라고 한다.

우주발사체는 인공위성을 우주로 데려다주는 역할을 하는데, 대개 추진제인 엔진을 가진 단stage을 여러 개 연결해 사용한다. 대기권을 뚫고 올라갈 수 있는 속도와 추력을 내기 위해서 맨 아랫단인 1단이 가장 규모가 크다. 로켓의 모든 단이 연료를 다 쓰고 나면 커다란 연료통이 빈 채로 남게 되는데, 한 번 쓴 연료통은 모두 버려진다.

나로호는 1단에는 액체 엔진을, 2단에는 고체 킥모터를 가지고 있는 2단 발사체이다. 나로호가 이륙 후 음속을 돌파하면서 고도 100킬로미터를 넘어 올라가게 되면, 가장 상단에 인공위성을 보호하고 있던 페어링이 분리된다. 페어링은 우주발사체의 맨 윗부분에 설치되어 안에 실린 인공위성을 보호하는 일종의 덮개이다. 인공위성을 지상에서 우주로 내보내는 동안 대기에 의한 마찰이나 열, 압력으로부터 보호하는 역할을 한다. 분리된 페어링은 대기권으로 재진입시켜 바다로 떨어뜨린다. 1단 엔진이 정지되고 역추진 로켓이 점화되면 1단도 분리되어 마찬가지로 바다로 추락시킨다. 이후 2단이 점화되어 목표 궤도에 진입해 연소가 종료되면 인공위성을 분리시켜 지구 주위를 돌게 한다. 이때 분리된 인공위성과 함께 2단 로켓도 우주에 남게 된다. 나로호 로켓의 잔해는 지금도 우주 쓰레기가 되어 지구 궤도를 돌고 있다. 이처럼 쏘아 올려진 인공위성의 수만큼 함께 발사된 로켓의 잔해들이 지구 궤도에 남게 된다.

제2차 세계대전이 끝나고 독일에서 베른헤르 폰 브라운 Wernher von Braun이 세계 최초의 장거리 로켓 기술을 개발하면서 미국과 소련의 우주개발 경쟁은 더욱 치열해졌다. 브라운이 개발한 V2(V는 독일어로 보복을 뜻한다) 로켓은 미국과 소련뿐만 아니라 다른 나라에서도 인공위성을 발사하는 우주발사체의 기본 모델이 되었다. 길이 14.3미터, 지름 1.65미터에 무게 13톤으로 320킬로미터까지 비행할 수 있는 성능을 가진 V2 로켓은 이후 R7 로켓으로 발전한다. R7 로켓은 1952년 소련의 개발자 세르게이 코롤료프 Сергей Королёв가 주도하여 개발한 것으로 여러 개의 엔진을 달아 성능을 높이는 방식으로 개발 비용과 기간을 단축했다. 우주개발 역사에서 가장 많이 사용된 로켓이기도 하다. 지구 궤도에서 발견된 첫 번째 인공우주물체 스푸트니크 1호를 우주로 실어나른 R7 로켓의 잔해이다. 지금은 소유즈 우주발사체라고 부른다.

인간의 달 착륙을 성공시킨 아폴로 11호를 발사한 새턴 5는 3단 발사체로, 1단 엔진을 연소시켜 고도 58킬로미터까지 올라간 후, 2단 엔진으로 고도 160킬로미터까지 진입시키고, 3단 엔진을 분사하여 아폴로 11호를 달 궤도에 진입시켰다. 새턴 5의 1단과 2단은 모두 지구 대기권으로 재진입해 사라졌지만, 3단은 여전히 지구 궤도 어딘가에 남아 있다. 인공위성과 연결된 우주발사체의 최상단은 인공위성을 임무 고도까지 올려놓은 뒤 지구 궤도에 우주 쓰레기로 남겨지게 된다.

우주발사체의 잔해는 대부분 크기가 크다. 그뿐만 아니라 높은 고도에 올리는 우주발사체일수록 그 잔해 또한 높은 고도에서 오랫동안 머물게 된다. 그러므로 우주발사체 잔해는 지구 궤도에서 운용 중인 인공위성에게 아주 위협적인 우주 쓰레기이다.

우주발사체를 발사할 때 지상으로 떨어지는 단들은 위치를 미리 계산해 안전한 해상으로 떨어지도록 조정한다. 하지만 지구에 근접한 곳에 남아 있는 우주발사체 잔해는 무작위로 지구 대기권 안으로 떨어지기도 한다.

거대한 우주발사체가 한 번 발사되면 그 연료통들이 바다로 버려지거나 지구 궤도에 남겨지다 보니 경제적으로 매우 낭비가 심하다. 최근에는 재사용이 어려웠던 우주발사체의 회수와 재활용에 대한 연구가 활발히 진행 중이다. 스페이스 엑스는 제작에 가장 많은 돈이 드는 로켓 1단 발사체를 회수하여 재활용하는 기술을 개발해 팰컨 9Falcon 9 로켓의 아홉 번째 재사용에 성공했다. 스페이스 엑스가 세웠던 목표는 총 열 번의 재사용이었는데, 이제 단 한 번만 남은 상황이다. 1단 부분의 재사용에 성공했다고 해도, 한 번 발사할 때마다 지구 궤도에는 팰컨 9의 잔해들이 남는다. 여전히 대부분의 발사체 잔해들은 지구 궤도에 남겨지고 있다. 궤도를 떠도는 인공우주물체 가운데 10분의 1이 우주발사체의 잔해이고, 지구로 추락하는 우주물체의 대부분도 로켓의 잔해이다.

우주 쓰레기에도 이름과 번호가 있다

1957년 창설된 미국 국방부 산하의 방위기구인 북미항공우주방위사령부North American Aerospace Defense Command, NORAD는 전 세계 하늘과 대기권 그리고 대기권 밖의 모든 비행물체를 감시하는 임무를 수행했다. 주요 임무는 광학망원경과 레이더 시스템으로 구성된 우주감시네트워크Space Surveillance Network, SSN를 통해 우주 공간에서 발견된 모든 인공우주물체에 대해 일련의 식별번호를 부여하며 목록화하는 일이었다. 현재는 이 임무를 미국의 연합

우주작전센터가 이어받아 수행하고 있다. 연합우주작전센터는 지구 궤도에 있는 인공우주물체들을 전수 감시하며, 그 목록을 인터넷 사이트를 통해 공개하고 있다.[4] 이 책에 나오는 우주물체의 개수에 관한 숫자들은 모두 이 사이트에 공개된 정보를 바탕으로 하고 있다.

인공우주물체 목록에 가장 처음 등록된 것은 바로 스푸트니크 1호를 발사했던 발사체의 잔해이다. 이 로켓의 잔해는 1957년 12월 1일 지구 대기권으로 재진입하여 떨어지기 전 처음으로 관측되어 인공우주물체 식별번호 00001번이 부여됐다. 스푸트니크 1호에는 00002번이 부여되었다.

인공우주물체는 식별번호와 함께 고유한 이름을 갖고 있다. 인공우주물체의 고유 이름은 인공위성이 개발될 때 정해지는 이름으로 공식 명칭과 일반 명칭을 포함한다. 예를 들면 '다목적실용위성' 또는 '아리랑위성'이 고유 이름인 것이다.

인공우주물체에 부여되는 또 다른 번호도 있다. 코스파 아이디COSPAR ID인 국제식별부호International Designator가 그것이다. 국제우주공간연구위원회Committee on Space Research, COSPAR는 우주 공간의 평화적 이용을 위해 설립된 국제학술연합회의인데,

---

4   www.space-track.org

1957~1958년 국제지구물리관측년International Geophysical Year, IGY[5]에 설립되면서 우주물체에 대한 번호를 부여하는 임무를 같이 수행하게 되었다. 지금은 유엔 외기권사무국Office for Outer Space Affairs, OOSA에서 인공우주물체 등록을 담당하고 있다. 국제식별번호는 발사된 연도와 그 해에 발사된 순서, 하나의 발사체에 탑재된 우주물체 번호[6]를 포함하여 부여된다.

인공우주물체 식별번호 00001번인 스푸트니크 1호 발사체 잔해물의 국제식별번호는 1957-001A이고, 00002번인 스푸트니크 1호의 국제식별번호는 1957-001B이다. 2018년 12월 4일에 발사된 한국의 정지궤도복합위성 2A호는 식별번호가 43823이고, 국제식별번호가 2018-100A이다. 즉 정지궤도복합위성 2A호는 지구궤도에 있는 인공우주물체 가운데 4만 3823번째로 등록된 인공우주물체이고, 2018년에 100번째로 발사된 인공위성이며, 발사체에 탑재되었던 인공위성 가운데 주主 인공위성이었음을 알 수 있다.

5 　지구의 물리학적 환경에 대한 국제적인 협동 관측이 있었던 1957년 7월부터 1958년 12월까지의 기간을 말한다. 64개국이 협력했고, 관측 대상은 기상, 전리층, 오로라, 대기광, 해양, 빙하, 지진, 중력, 지구자기, 경위도측정, 태양활동, 우주선과 남극 등이었다.

6 　발사체 하나에 여러 대의 인공위성이 동시에 탑재되어 발사되는 경우, 알파벳으로 번호가 할당된다. 탑재된 인공위성 가운데 주 인공위성을 A로 하고, 이후 B, C⋯Z까지 할당된 다음에는 AA로 부여된다.

국제식별번호를 볼 때 한 가지 유의할 점이 있다. 예를 들어, QB50 프로젝트[7]를 통해 우주로 쏘아 올려진 50대의 큐브위성은 국제우주정거장에 한 번 머물렀다가 궤도로 진입하는 과정을 거친다. 이런 경우에는 큐브위성들의 모체를 국제우주정거장으로 보기 때문에 국제우주정거장에 탑재된 것으로 구분되어 번호가 부여된다.

2017년 4월에 발사된 한국과학기술원의 큐브위성 LINK는 국제우주정거장에 한 달 정도 머물렀다가 5월 18일에 지구 궤도로 진입했다. LINK는 식별번호 42714번을 부여받았지만, 국제식별번호는 1998-067LV이다. 발사된 해를 나타내는 숫자가 국제우주정거장 발사 연도를 따른 것이다. 충돌이나 폭발로 발생한 인공우주물체의 파편들도 모체의 국제식별번호를 따라 번호가 부여되어 관리된다.

최근에는 인공우주물체가 급증하면서 알파벳을 이용해 다섯 자리를 유지하는 새로운 번호 규칙을 만들었다. 예를 들면, A0001에서 A는 10만을 나타내는 것으로, 즉 A0001은 100001번째로 등록된 인공우주물체라는 뜻이다.

---

[7]   23개국의 연구소와 대학교에서 참여해 개발한 큐브위성 50대를 우주로 쏘아 올려 지구 저궤도의 우주환경을 조사한 국제 공동연구 프로젝트이다.

인공위성은 언제든 폭발할 수 있다

우주로 가기까지 여러 환경 변화를 겪어야 하는 인공위성은 언제나 폭발의 위험을 내재하고 있다. 우주에 도착할 때까지 무사히 살아남아야 비로소 임무를 수행할 수 있는 것이다. 지상에서 최고의 성능을 발휘한다 해도 우주로 가기 위해서는 우주환경에서 동작하기 위한 시험들을 통과해야 한다.

우주발사체에 실려 대기권을 빠져나가기 전까지 인공위성이 겪게 되는 환경을 발사환경이라 한다. 이때 인공위성은 진동과 충격, 소음과 압력 등의 변화를 겪는다. 그래도 발사환경에서는 우주발사체의 페어링 안에서 보호를 받으며 안전하게 대기권을 빠져나갈 수 있다. 대기권을 지나 페어링이 분리되고 발사체로부터 완전히 독립하고 나면 그때부터는 우주환경을 인공위성이 혼자서 온전히 겪어야 한다.

일반 전자제품도 환경의 영향에 따라 성능이 달라지기 마련이다. 뜨거운 여름 차 안에서 오랫동안 햇빛에 노출되어 가열된 핸드폰이 오작동하거나, 추운 겨울에 핸드폰 배터리가 빨리 방전되는 경우를 겪어본 적이 있을 것이다. 이러한 상황을 방지하기 위해 핸드폰뿐만 아니라 자동차, 비행기 같은 기기들도 모두 사용되는 환경에서 정상 동작하도록 다양한 환경시험을 거쳐 만들어진다.

일반 전자기기에 비해 인공위성이 움직이는 환경은 훨씬 더 가혹하다. 인공위성이 태양을 향하고 있을 때는 온도가 120도가 넘고, 태양의 반대 방향에서는 영하 180도까지 떨어진다. 임무 중이라면 열 제어를 통해 온도를 골고루 분산시켜 극심한 온도 차를 완화하고 온도를 일정하게 유지할 수 있다. 하지만 수명을 다해 운영이 중단된 인공위성은 극심한 온도 차를 그대로 겪게 된다. 추진체의 연료나 배터리가 남아 있을 경우 폭발로 인공위성이 파괴될 수 있다. 우주 쓰레기가 발생하는 주요 원인 가운데 하나가 바로 이처럼 수명이 다한 인공위성이 노화되어 발생하는 폭발 사고이다.

위성 배터리의 폭발 외에도 지상의 관제국에서 위성에 오동작을 내려 우발적인 폭발이 일어난다거나, 위성 발사나 우주 환경시험 과정에서 폭발이 발생하기도 한다.

지상에서 교통사고가 난 자동차의 파편이 치워지지 않고 그대로 도로에 남아 있다면 어떻게 될까? 지구 궤도에서는 인공위성이 폭발해 파편들이 생겨도 치울 수가 없다. 그 파편들은 그대로 지구 궤도에 넓게 퍼져나가게 된다. 현재 추적 가능한 우주 쓰레기 가운데 거의 절반이 인공위성 폭발에 의한 파편들이다. 그중 추진계 이상으로 생긴 파편이 거의 40퍼센트를 차지하고,

전기적 이상이나 원인 모를 폭발로 생긴 파편이 10퍼센트가 넘는다. 사실상 지구 궤도 환경을 가장 위험하게 만드는 우주 쓰레기들이다.

2000년 5월에 발사되어 임무를 수행하고 2014년에 퇴역한 미국 국립해양대기국National Oceanic and Atmospheric Administration, NOAA의 기상위성 NOAA 16은 퇴역한 지 1년이 채 되지 않은 2015년부터 그 잔해들이 관측되기 시작했다. 궤도에 있는 우주물체를 추적하던 북미항공우주방위사령부는 NOAA 16 궤도에서 불특정 다수의 우주물체를 감지했고, 그것이 NOAA 16의 자체 폭발로 인한 파편임을 알게 되었다. 450개가 넘는 파편이 발견되면서 1995년에 발사되었던 미국의 군사기상위성 DMSPDefence Meteorological Satellite Program의 폭발과 유사한 상황임을 감지한 것이다. DMSP 5D-2 또한 배터리 고장으로 인한 폭발로 460여 개가 넘는 파편을 생성했었다. 두 인공위성의 폭발로 1000여 개가 넘는 우주 쓰레기가 지구 궤도로 퍼지게 된 것이다.

임무가 종료되거나 고장으로 버려진 인공위성이더라도 폭발을 막을 방법을 찾아서 최대한 지구 궤도에서 원래 모습 그대로를 유지할 수 있도록 해야 한다. 폭발로 발생한 파편들은 찾기도 어렵고, 원 궤도를 벗어나 다른 궤도로 퍼져나가기 때문에 운용 중인 다른 인공위성들까지 위험해질 수 있다.

최근에 발사되는 인공위성들은 임무를 마치면 추진 탱크를 비우고 배터리를 방전시켜 폭발이 발생할 수 있는 에너지원을 제거할 것을 권고하고 있다.

충돌과 파괴로 생기는 파편들

현재 지구 궤도 환경을 가장 크게 위협하는 것이 바로 충돌로 인한 인공위성의 폭발이다. 충돌로 인해 발생하는 파편들은 운용 중인 위성들뿐만 아니라 다른 우주 쓰레기와의 충돌 위험도 높아 2차, 3차 피해로 이어질 수 있다.

2009년 2월 10일, 운용 중인 미국의 민간 통신위성 이리듐 33호Iridium 33와 수명을 다해 지구 궤도에 버려진 러시아의 군사 통신위성 코스모스 2251호Cosmos 2251가 시베리아 상공 790킬로미터에서 충돌하는 사고가 있었다. 인류가 인공위성을 쏘아 올린 이래로 두 인공위성이 충돌한 최초의 '우주 교통사고'였다. 엄밀히 말하면 운용 중인 인공위성과 우주 쓰레기가 된 인공위성 간의 충돌이었다.

1993년 발사된 코스모스 2251호는 고도 778~803킬로미터의 저궤도를 도는 길이 3미터, 지름 2미터, 무게 990킬로그램의 원통 모양 인공위성이었다. 코스모스 2251호는 1995년 임무 수명을 다하고 지구 궤도에 버려진 우주 쓰레기나 다름없었다. 하지만 이리듐 33호는 700킬로그램의 통신위성으로 1997년에 발사되어 고도 780킬로미터에서 당시 정상 운영 중이었다. 각자 자신의 궤도를 돌다가 2009년 2월 10일 서쪽에서 동쪽으로 움직이던 코스모스 2251호와 남쪽에서 북쪽으로 비행하던 이리듐 33호가 시베리아 상공에서 정확히 만난 것이었다.

두 위성의 충돌로 인해 코스모스 2251호의 파편 1700여 개와 이리듐 33호의 파편 800여 개를 합해 총 2400여 개의 우주 쓰레기가 발생했다. 이 사고의 여파는 현재진행형이다. 두 위성의 충돌로 발생한 파편이 여전히 지구 궤도에 남아 있기 때문이다.

두 인공위성이 충돌한 뒤 발생한 파편들은 대개 원래 돌고 있던 궤도를 따라 움직였지만, 시간이 지남에 따라 점점 충돌 고도를 벗어나 500~1300킬로미터까지 퍼졌다. 게다가 790킬로미터 고도의 우주 공간에 있는 파편들은 수십에서 수백 년까지 궤도에 남아 있을 것으로 예측된다.

고의적인 충돌도 있다. 1960년대 이후 미국과 소련은 서로를 견제하기 위해 위성요격Anti-satellite weapon, ASAT 실험을 진행했다. 고속으로 비행 중인 인공위성에 레이저나 미사일을 발사해 공격하는 실험이었다. 인공위성은 사실상 방어 능력이 없기 때문에 작은 쇠구슬에 부딪히기만 해도 쉽게 파괴될 수 있다. 설령 폭발물이 실리지 않은 미사일에 부딪힌다 해도 부서져서 파편이 생길 수 있다는 말이다.

초기에는 자국의 인공위성을 대상으로 격추하는 시험들이 이루어졌다. 1985년에는 미국 F-15 전투기에서 위성요격 미사일을 발사해 자국의 인공위성인 P78-1을 파괴하기도 했다. 미사일을 발사해 인공위성에 정확히 맞추는 것도 쉬운 일은 아니다. 지구 궤도를 비행하는 인공위성은 초속 7~8킬로미터로 움직이기 때문에 그 움직임을 정확하게 예측해야만 격추가 가능하다. 위성요격 실험에 성공한 나라는 미국과 러시아, 중국과 인도뿐이다.

가장 많은 파편을 만든 위성요격 실험은 2007년 1월 11일에 있었던 '펑윈 1C風雲 1C'를 격추한 것이다. 1999년에 발사된 기상위성 펑윈 1C를 중국의 시창위성발사센터에서 중거리 탄도 미사일을 발사해 파괴한 것이다. 고도 865킬로미터에서 초속 8킬로미터 이상으로 충돌해 펑윈 1C는 산산조각이 났다. 3500여 개가 넘는 파편이 고도 200~4000킬로미터까지 퍼져나갔다. 미국 공군우주사령부Air Force Space Command, AFSPC가 펑윈 1C의 이상 징후를 포착하고 위성의 궤도 변화를 감지했지만, 우주 쓰레기가 발생하는 것을 막지는 못했다.

2019년 3월에는 인도가 고도 300킬로미터에 있는 지구관측위성 마이크로샛-R Microsat-R을 요격하는 실험에 성공해 140여 개의 파편을 발생시키기도 했다. 문제는 이 숫자가 확인된 파편만 센 것이라는 사실이다. 다행히 마이크로샛-R의 파편들은 대부분 지구 대기권으로 떨어져 소멸되었다. 원지점 고도 400킬로미터, 근지점 고도 200킬로미터에 머물고 있는 마지막 파편 하나도 곧 추락할 예정이다.

고의적인 충돌로 인한 파편에 대해서는 각국이 비판의 목소리를 내며 우주위험을 야기할 수 있다고 경고하고 있지만, 막을 방법은 딱히 없는 상황이다.

2

우주 공간은 어떻게 변했을까?

우주에서 가장 혼잡한 곳, 저궤도

2000년 2월 7일은 내가 대전 연구단지로 출근하는 첫 날이었다. 전날 여행용 가방 하나에 간단한 옷가지만 챙겨 대전으로 내려왔다. 한가로웠던 일요일의 연구단지는 유럽의 어느 한적하고 조용한 마을 같은 느낌이었다. 넓은 도로에 차들도 간간이 보일 뿐 번잡한 느낌이 없었다. 물론 20년이 지난 지금은 대전 연구단지도 많이 혼잡해졌다. 하지만 아직도 혼잡도는 서울보다 훨씬 덜하다.

우리나라에서 교통이 가장 혼잡한 곳, 서울. 서울의 교통 문제는 어제오늘 일이 아니지만 최근에는 교통이 혼잡한 지역이 점점 더 늘어나고 있다. 도심의 교통 체증을 해소하기 위해 통행량이 많은 도로에는 혼잡통행료를 부과하기도 하지만 그럼에도 교통량은 줄지 않는다. 혼잡통행료를 내고도 그 도로를 이용해야만 하는 이유가 있기 때문일 것이다. 혼잡통행료를 부과해도 여전히 혼잡한 도로는 그만큼 사람들이 자주, 필히 이용할 수밖에 없는 최적의 도로인 것은 아닐까?

교통이 혼잡한 서울의 도로처럼 우주에도 혼잡통행료를 부과하게 되는 날이 곧 올 수도 있다. 우주라는 공간이 무한하게 느껴져 '복잡', '혼잡'이라는 단어와 어울리지 않는다고 생각할 수 있겠다. 하지만 우주에도 우리가 자주 이용하여 교통량이 몰리는 도로가 있다.

우주의 자동차라 할 수 있는 인공위성이 가장 많이 애용하는 도로는 바로 고도 200킬로미터에서 2000킬로미터 사이, 즉 '저궤도Low Earth Orbit, LEO' 영역이다. 이곳은 가장 많은 인공위성과 우주 쓰레기가 존재하는 공간이다. 무려 인공우주물체의 70퍼센트 이상이 바로 이 저궤도 영역에 있다.

저궤도가 인기가 많은 이유는 지구와 가깝기 때문이다. 저궤도에서는 인공위성이 지구를 한 바퀴 도는 주기가 짧다. 보통

90분에서 2시간 이내로 하루에 십수 회를 돌 수 있으므로 지구를 가까운 곳에서 자주 관측할 수 있다는 장점이 있다. 특히 고도 500~700킬로미터의 저궤도에는 고해상도 관측 카메라를 장착한 지구관측위성이 많이 분포해 있다.

세계 각국이 성능 좋은 지구관측위성을 갖기 위해 막대한 개발비를 쏟아붓는다. 지구관측위성을 통해 얻는 영상 정보는 자원 탐사나 환경 감시, 지도 제작 등에 활용되면서 전 지구적 재해·재난 관측이나 사후 모니터링 등에 기여하고 있다.

한국의 위성 중에서도 다목적실용위성KOMPSAT이라고 불리는 아리랑위성이 대표적인 저궤도 지구관측위성이다. 2021년 현재 총 다섯 대가 발사되었다. 국내 첫 지구관측위성 아리랑 1호는 1999년 12월 21일 미국 캘리포니아주 반덴버그Vandenberg 공군 기지에서 고도 685킬로미터로 발사되었다. 해상도 6.6미터의 광학카메라를 탑재한 아리랑 1호는 98분에 한 번씩 지구를 돌며 한국의 정밀 지도 제작과 주변의 해양 자원 및 환경 관측 등 국토 개발 자료를 위한 임무를 수행했다. 2008년 2월 20일 공식적으로 임무를 종료한 아리랑 1호는 현재까지 저궤도에 우주 쓰레기로 남겨져 있다.

2006년 7월 28일에 발사된 아리랑 2호는 흑백 영상 해상도 1미터, 컬러 영상 해상도 4미터급의 당시 세계 수준의 지구 관측 임무를 맡았다. 고도 685킬로미터에 있는 아리랑 2호는 지금도 하루에 지구를 열네 바퀴 반 돌고 있다. 공식적인 임무 수명은 마쳤지만, 여전히 성능을 유지하고 있어 지금도 한국항공우주연구원에서 운영 중이다.

2012년에 발사한 아리랑 3호는 해상도 성능을 70센티미터까지 끌어올렸고, 2016년 발사한 아리랑 3A호는 국내 최고 해상도인 50센티미터급의 지구 관측 영상을 보내오고 있다. 특히 아리랑 3A호는 적외선 센서를 가지고 있어 밤에도 관측이 가능하고, 사람의 눈으로 식별하기 어려운 미세한 변화까지도 감지할 수 있는 성능을 갖췄다.

2013년에 발사한 아리랑 5호는 날씨에 상관없이 전천후로 지구를 관측할 수 있는 합성개구면레이더Synthetic Aperture Radar, SAR를 탑재해 정밀 지구 관측을 수행하고 있다. 원래 임무 수명이었던 5년간의 정규 임무를 성공적으로 수행한 아리랑 5호는 수명을 연장해 현재 추가 임무를 수행하며 정상 운영되고 있다.

한국은 아리랑위성을 통해 촬영한 영상을 중국 지진, 아이티 지진, 일본 지진과 같은 재해의 피해 복구 활동에도 제공해 국제적으로도 큰 기여를 하고 있다.

지난 10년간 많은 나라가 지구관측위성에 적극적으로 투자하면서 상업용 지구 관측 시장도 열리고 있다. 과거에는 대형위성 한 대를 5~7년에 걸쳐 개발하고 발사해 지구를 관측했다면 최근에는 여러 대의 소형위성을 발사해 이들이 군집을 이루어 지구를 촬영한다. 지구관측위성의 수는 향후 10년간 거의 60퍼센트 가까이 증가할 것이라 예상된다. 현재 운용되고 있는 위성뿐만 아니라 앞으로 늘어날 지구관측위성의 대부분이 저궤도를 이용하고 있고, 이용할 것이다.

저궤도는 과학실험위성에게도 인기 있는 궤도이다. 우리별 1호KITSAT-1는 1992년 8월 11일 발사되어 고도 1300킬로미터를 돌고 있다. 지표면 촬영과 우주방사선량을 측정할 수 있는 센서를 탑재한 우리별 1호는 한국의 첫 인공위성으로 한국이 위성기술을 개발하는 시작점이 되었다. 1993년 9월 26일 우리별 2호, 1999년 5월 26일 우리별 3호, 2003년 9월 28일 우리별 4호 격인 과학기술위성 1호도 모두 저궤도에 발사되었다. 2013년 11월 21일 우주와 지구를 관측하는 임무를 띠고 발사된 과학기술위성 3호와 2018년 12월 3일 스페이스 엑스의 팰컨 9 발사체로 발사된 차세대소형위성 1호NEXTSAT-1도 모두 저궤도를 돌고 있다. 2021년 3월 22일에 발사된 차세대중형위성 1호CAS500-1도 고도 500킬로미터의 저궤도에서 임무를 수행한다.

우리별위성, 아리랑위성, 차세대소형위성과 차세대중형위성 등 한국의 과학위성과 지구관측위성은 모두 저궤도에 있는 셈이다. 한국이 쏘아 올린 총 32개의 인공우주물체 가운데 3분의 2가 모두 저궤도에 있다.

저궤도는 군사 목적으로 사용되는 영역이기도 하다. 군사 목적의 정찰위성이나 첩보위성도 대부분 저궤도에 있다. 다른 나라의 영공을 침해할 염려가 없으면서 다른 나라를 엿볼 수 있는 가장 확실한 방법이 인공위성이기 때문이다. 저궤도에 군사 목적의 정찰위성이 얼마나 있는지는 정확하게 파악하기 어렵다. 하지만 미국과 소련의 정찰위성들은 임무를 수행하고 난 뒤 이제는 쓸모없어진 우주 쓰레기로 여전히 저궤도에 남아 있다.

현재 지구 궤도에 남아 있는 2만 3000여 개의 인공우주물체 가운데 궤도 정보를 알 수 있는 것은 2만 1000여 개다. 궤도 정보가 공개되지 않은 2000여 개에는 군사 목적의 인공위성도 포함되어 있음을 유추해볼 수 있다.

미국의 정찰위성인 키홀Key Hole, KH 시리즈는 그 성능과 제원뿐만 아니라 가장 중요한 궤도 정보가 공개되지 않았다. 1959~1995년에 발사되었다가 수명을 다하고 우주 쓰레기가 된 KH-1부터 KH-11까지는 최근에 일부 정보가 공개되었지만, 여전히 350여 개의 미국 정찰위성 가운데 10퍼센트가 넘는 40여 개는 어느 궤도를 지나가고 있는지 정보를 전혀 알 수 없다.

소련의 첫 첩보위성인 코스모스 4호는 1962년 발사되어 목적지 상공에서 고도를 150킬로미터까지 낮춰 사진을 찍는 임무를 수행했다. 코스모스 4호는 나흘간 운영 후 바로 지상으로 떨어졌지만, 여전히 1100여 개가 넘는 러시아의 코스모스 위성이 대부분 우주 쓰레기로 저궤도에 남아 있다. 우주개발 초창기의 정찰위성은 핵 동력장치를 사용한 경우가 많다. 저궤도를 떠다니는 이런 인공위성이 지구로 떨어진다면 방사능 오염을 일으켜 심각한 위험을 불러올 수 있다.

최근에는 초소형 큐브위성들도 저궤도로 발사되고 있다. 위성의 크기가 작을수록 우주로 나가는 비용이 싸기 때문에 크기를 계속 줄여나가는 것이다. 우주에 대한 관심을 높이기 위해 대학교에서 직접 큐브위성을 만들고 발사하는 기회를 제공하기도 한다. 그런데 안타깝게도 많은 큐브위성이 대부분 우주에서 방치된 채로 우주 쓰레기로 남겨진다.

저궤도 영역은 사람이 살고 있는 영역이기도 하다. 저궤도를 도는 국제우주정거장에는 항상 우주인이 상주해 있다. 이들은 우주 쓰레기의 위협을 가장 가까이에서 느끼고 있을 것이다. 국제우주정거장은 고도 420킬로미터 근처에서 지구를 돌고 있는데, 실제로 우주 쓰레기와의 충돌을 피하기 위해 여러 차례 긴급 기동을 한 적도 있다.

노후한 인공위성의 폭발로 인한 파편부터 인공위성을 발사한 로켓의 잔해 그리고 자국의 인공위성을 우주 공간에서 폭파하는 인공위성 요격 실험으로 발생한 파편까지 각종 우주 쓰레기가 가장 많이 발생하는 곳이 저궤도이다. 인공위성과 우주 쓰레기의 밀집도가 가장 높고 수천 개의 파편과 그 파편들로 인한 2차 충돌 위험 가능성도 높아서, 우주에서 가장 혼잡한 곳이 되었다. 하지만 여전히 많은 인공위성이 저궤도로 발사되고 있다. 곧 초대형 군집위성이 저궤도를 가득 메우게 될지도 모른다.

한정된 우주 명당, 정지궤도

한정판은 수량이 제한되어 있어 아무나 살 수 없기에 인기가 높다. 우주에서도 한정판과 같은 영역이 있다. 바로 '정지궤도'이다. 지구의 자전주기와 같은 고도 3만 5800킬로미터 영역은 크게 '정지궤도Geostationary Earth Orbit, GEO'와 '지구동기궤도Geo-Synchronous Orbit, GSO'로 나눌 수 있다. 지구동기궤도는 적도 평면과 경사각이 존재하는 고도 3만 5786킬로미터의 모든 궤도를 말한다. 정지궤도는 지구동기궤도 중에서도 궤도경사각[8]이 0도인

8　인공위성이 움직이는 궤도 평면과 지구의 적도면 사이의 각도를 말한다.

특별한 곳이라고 할 수 있다.

정지궤도에서는 인공위성의 공전 주기가 지구의 자전주기(1항성일, 즉 23시간 56분 4초)와 같아서 지구에서 보았을 때 인공위성이 항상 정지해 있는 것처럼 보인다. 즉, 정지궤도에서는 지구 중력의 힘과 인공위성의 원심력이 같아서 인공위성이 초속 3.07킬로미터로 지구를 공전한다. 이 속도는 지구의 자전 각속도와 일치한다. 적도 상공 3만 5786킬로미터의 궤도에서 지구와 같은 속도로 원을 이루며 돌기 때문에 지구에서 볼 때 항상 동일한 위치에 정지한 상태로 보이는 것이다. 항상 동일한 위치에 인공위성이 있으니 특정 지역을 위한 서비스를 하는 통신, 방송, 기상 등의 임무를 수행하기에 가장 적합한 영역이다.

적도 위 고도 3만 5786킬로미터의 영역은 한정되어 있으니 그곳에 위치할 수 있는 인공위성의 수에도 제한이 따른다. 그래서 정지궤도 영역에는 국제협약을 통해 각 국가가 국제적인 승인 절차 없이 인공위성을 맘대로 띄우지 못하도록 하고 있다. 국제전기통신연합International Telecommunication Union, ITU은 정지궤도에 있는 인공위성들 간의 전파 간섭이나 충돌 문제를 우려해 각 위성의 간격을 최소 2도로 일정하게 유지하기를 권장한다. 하지만 1도 간격으로만 배치해도 최대 365대의 인공위성밖에 이용할 수 없기 때문에 유럽 상공에서는 실제로 거의 0.1도 또는 0.2도 간격으로 촘촘히 정지궤도 영역을 사용하고 있다. 물론 바다로 이루어진 태평양 상공의 정지궤도에는 상대적으로 인공위성의 수가 적다.

한국이 위치한 동경 124~132도 사이의 정지궤도에도 인공위성이 빼곡히 들어차 있다. 한국의 통신위성은 물론이고 일본, 러시아, 라오스, 미국 등 여러 나라의 통신위성이 모두 모여 있기 때문이다.

통신위성 측면에서는 통신 서비스를 위해 영토가 큰 나라 위에 떠 있는 것이 유리하다. 그렇기 때문에 한국과 함께 아시아 지역을 커버할 수 있도록 한국 최초의 정지궤도 위성인 무궁화 1호는 한국의 경도에서 살짝 서쪽으로 치우친 동경 116도에 위치해 있다. 2010년 6월 27일에 발사된 통신해양기상 임무를 맡은 천리안위성COMS 1호는 동경 128.2도에 위치해 있다. 천리안 1호가 위치한 정지궤도는 러시아가 그 소유권을 주장하기도 했는데, 정지궤도 영역은 특정 국가가 소유할 수 있는 것이 아니다. 하지만 때때로 자국의 인공위성을 띄우기 위해 그 소유권을 주장하기도 한다.

2018년 12월 5일에 발사한 천리안 2A호는 정지궤도복합위성GEO-KOMPSAT이라고도 불린다. 동경 128.28도에서 기상관측 임무를 수행하고 있다. 전 지구 영상을 10분 간격, 한반도 영상을 2분 간격으로 산출해 실시간 관측할 수 있다. 천리안 2A호와 쌍둥이 위성인 천리안 2B호는 세계 최초의 정지궤도 환경탐재체를 장착해 미세먼지 등 대기오염 유발 물질을 관측한다. 천리안 2A호와 천리안 2B호는 거의 0.01도 간격으로 가까운 곳에 있어 정밀한 궤도 운영이 필요하다.

붐비는 정지궤도에서는 우주 쓰레기로 인한 위협이 훨씬 크다. 사실 정지궤도 인공위성들은 정지궤도를 유지하기 위해 임무를 수행하는 동안 계속해서 궤도 조정을 한다. 만약 궤도 조정을 하지 않으면 지구 중력장의 변화에 따라 한쪽으로 서서히 이동하는 현상이 나타나 다른 운영 중인 인공위성들과 충돌할 위험이 있기 때문이다. 더군다나 정지궤도 영역에서 인공위성이 폭발해 파편이 생기면 저궤도 영역보다 훨씬 더 위험한 상황이 된다. 정지궤도에서는 저궤도보다 훨씬 더 오랫동안 파편이 잔류하기 때문이다. 특히 정지궤도와 같이 높은 고도에 있는 우주 쓰레기는 지상에서 관측하기도 어려워 얼마나 많은 우주 쓰레기가 있는지 정확히 파악하기도 힘들다.

정지궤도 영역에서 중요한 점은 임무를 수행하고 있는 인공위성의 수명이 다하기 전에 새로운 인공위성에게 그 자리를 양보해야 한다는 것이다. 만약 임무를 마친 정지궤도 위성이 그 자리를 계속 차지하면 그 영역은 쓸모없는 자리가 되어버린다. 그래서 인공위성이 임무를 마치고 나면 남아 있는 연료를 써서 다른 영역으로 자리를 옮겨 다음 위성에게 자리를 양보해야 한다.

만약 임무를 다한 인공위성이 다른 영역으로 옮겨진 후에 후속 인공위성이 바로 발사되지 않는다면 다른 나라의 위성이 그 영역을 재빨리 가로챌 수도 있다. 만약 한국을 바라볼 수 있는 경도의 정지궤도를 다른 나라 위성이 먼저 차지한다면 한국의 우주 영역은 사라지는 것이나 다름없다. 그래서 정지궤도 위성은 개발과 운용을 끊기지 않도록 잘 이어가는 것이 중요하다.

현재는 정지궤도에 470여 개의 인공위성이 자리를 잡고 있다. 우주개발 선진국들이 정지궤도를 미리 차지해버린다면 후발국들은 그 자리에서 밀려날 수밖에 없다. 한정된 우주의 명당자리인 정지궤도 영역을 차지하기 위한 우주 영토 전쟁은 지금도 계속되고 있다.

지구에서 달로 가는 길, 시스루나

인류의 활동 영역은 지구 궤도를 벗어나 달과 화성 그리고 그보다 더 멀리로 향하고 있다. 지구 위의 저궤도와 정지궤도를 넘어 지구와 달 사이에는 '시스루나cislunar'라는 궤도가 있다. 앞으로 더 멀리 뻗어갈 인류의 우주 활동을 안전하게 누리기 위해 꼭 인식해야 하는 공간이다.

인류가 최초로 달 탐사를 시도한 것은 1958년 8월 국제지구물리관측년 행사의 일환으로 미국의 파이어니어 0호Pioneer 0를 발사한 사건이다. 발사 도중 1단 추진기관의 실패로 폭발했지만 인류의 도전은 멈추지 않았다. 여러 차례 시도한 끝에 1959년 1월 소련의 루나 1호Lunar 1가 달로부터 5995킬로미터 떨어진 지점을 근접 비행하면서 달 탐사에 처음으로 성공한다. 1959년 9월 13일에는 루나 2호가 세계 최초로, 비록 충돌이긴 했지만, 달 표면에 도착한다. 같은 해 10월 루나 3호는 달의 뒷면을 촬영해 인류가 처음으로 달의 뒷모습을 볼 수 있었다. 1968년 12월 21일 발사되어 12월 24일에 달에 도착한 아폴로 8호Apollo 8는 달 궤도에 진입한 최초의 유인 탐사선이었다. 아폴로 11호가 유인 달착륙에 성공한 이후에도 아폴로 12호, 14호, 15호, 16호에 이어 1972년 12월 아폴로 17호까지 총 아홉 번의 유인 비행을 통해 열두 명의 우주비행사가 달 표면을 거니는 데 성공했다. 1976년 8월에는 소련의 루나 24호가 달의 암석을 지구로 운반하며 무인 달 탐사를 성공시키고 1세대 달 탐사의 막을 내리게 된다.

1990년대 이후에는 일본과 중국, 인도도 달 탐사에 성공한다. 일본 최초의 달 탐사선 히텐Hiten, MUSES-A은 1990년 1월 24일에 발사되어 달에 접근해 12킬로그램짜리 초소형 궤도선 하고로모hagoromo를 달 궤도에 진입시켰다. 2007년에는 일본우주항공연구개발기구Japan Aerospace eXploration Agency, JAXA가 인류 최대의 달 탐사선 셀레네SELENE로 달 탐사에 성공한다. 중국과 인도도 창어 1호Chang'e 1와 찬드라얀 1호Chandrayaan-1를 발사하며 달 탐사에 시스루나 궤도를 이용하고 있다.

지구에서 달로 갈 때는 다양한 궤도를 이용할 수 있는데, 가장 빠른 방법은 4~6일가량 소요되는 '직접 전이 궤도Direct Transfer Orbit'를 이용하는 것이다. 아폴로 11호가 이용한 이 궤도로는 탐사선이 단 한 번에 지구의 중력권을 벗어나 달의 중력을 이용해 달 궤도에 진입할 수 있다. 지구와 달 사이의 거리인 38만 킬로미터를 한 번에 가는 것이다.

'호만 전이 궤도Hohman Transfer Orbit'를 이용하는 방법도 있다. 지구와 달의 위치가 수평을 이루는 지점을 타원형으로 연결하는 비행궤도인데, 주차 궤도Parking Orbit에 먼저 진입한 후 가속을 통해 호만 전이 궤도로 진입하고, 한 번 더 가속해 달 궤도로 진입한다.

중국의 창어 1호, 일본의 셀레네, 인도의 찬드라얀 1호는 '위상 전이 궤도Phasing Loop Transfer Orbit'를 통해 달에 도착했다. 위상 전이 궤도는 지구를 여러 번 회전하며 단계적으로 고도를 높여 달에 가기 때문에 약 한 달의 시간이 소요된다.

천체의 중력을 활용하는 스윙바이swingby 항법으로 연료 사용을 최소화하여 달에 도달할 수 있는 '탄도 달 전이 궤도Ballistic Lunar Transfer Orbit'(BLT 궤도)도 있다. 지구의 중력과 태양의 중력을 활용해 달에 도달하는 궤도인데, 한국의 달 궤도선이 이 궤도를 이용할 예정이다.

이렇게 달로 향하는 궤도들은 앞으로 달 탐사가 활발해질수록 점점 더 붐비는 영역이 될 것이 틀림없다. 달로 가는 유인 우주선이라면 가는 동안 우주선이 안전하게 비행할 수 있도록 주의를 기울여야 한다. 이전에 달에 갔던 우주선들의 잔해를 마주칠지도 모르니 말이다.

지구와 달 사이의 평균 거리는 38만 4000킬로미터이고, 달의 저궤도Low Lunar Orbit, LLO는 일반적으로 달 표면에서 100킬로미터 이내 지역이다. 달은 대기가 거의 없어 매우 낮은 고도에서도 궤도를 유지할 수 있다.

지금의 지구와 달 사이 궤도는 1960년대 지구 저궤도의 모습과 닮아 있다. 지구 저궤도에 70퍼센트 이상의 인공위성이 몰려 있듯이 거대한 크기의 시스루나에도 전략적으로 사용할 수 있는 궤도는 한정적이다. 지구 정지궤도 너머의 시스루나는 아직은 몇몇 달 탐사 우주선만이 점유하고 있는 텅 빈 공간이지만 앞으로 50년 뒤에는 지금의 지구 저궤도 영역처럼 혼잡해질 수 있다.

인류가 달에 첫발을 디딘 지 50년이 넘은 지금도 인류에게 달은 여전히 신비롭고 궁금한 것이 많은 도전의 대상이다. 가장 가까이 있으면서도 아직 모르는 것이 많기 때문에 여전히 우리는 달에 간다. 달에 기지를 건설하고 우주정거장을 건설하는 것은 상징적인 의미만 있는 것이 아니다. 심우주 탐사와 화성으로 가기 위한 전진기지로서 달 탐사는 실질적인 의미가 있다.

우주에 두고 온 타임캡슐

호주 플린더스대학교 고고학과 앨리스 고먼Alice Gorman 교수는 우주에 남겨진 잔해들과 지상의 우주 발사장, 인공위성을 추적하는 관제소처럼 인류가 우주개발을 위해 만든 것들이 새로운 문화경관cultural landscape이 될 것이라고 말한다. 그는 2019년에 출간한 우주고고학에 관한 책《우주 쓰레기 박사 대 우주: 고고학과 그 미래Dr Space Junk vs The Universe: Archeology and the future》에서, 고고학의 관점에서 보면 우주 쓰레기는 지구 중력을 정복한 인류 문명의 역사를 담고 있는 유물이라고 말한다. 다 쓰고 버려져 쓰레기로 취급받고 있다고 해서 무조건 없애야 하는 것이 아니라 문화적·역사적으로 가치가 높은 인류의 우주문화유산cultural heritage of space으로 다루어야 한다는 것이다. 우주에 오랫동안 남겨진 인공위성과 우주 쓰레기가 역사적으로 귀중한 자료, 보존할 가치가 있는 유물이 될 수 있다니. 지구로 추락시킨 최초의 우주정거장 미르Mir의 잔해가 태평양 바닷속 어딘가에 있다는 사실이 아쉬워진다.

인류의 조상이 남긴 단순한 도구들, 구석기의 주먹도끼나 신석기의 빗살무늬토기가 인류 역사에서 귀중한 자료가 되듯 현재 우주 공간에 있는 인공위성 가운데 역사적 가치가 있는 것을 선별해 보존하는 일이 필요할지 모른다. 우주 쓰레기를 잘 버리는 기술을 개발함과 동시에 잘 보존하는 방법도 고려해야 하는 것이다.

2019년은 아폴로 11호가 달에 착륙한 지 50주년이 되는 해였다. 미시시피대학교의 법학 교수이자 우주법 전문가인 미셸 핸런Michelle Hanlon은 달에 있는 아폴로 11호 착륙장이 이집트의 피라미드나 중국의 만리장성과 같은 유네스코 세계문화유산과 유사한 문화재라고 주장한다. 아폴로 11호가 달에 남기고 간 물건들과 닐 암스트롱Neil Armstrong이 남긴 인류 최초의 발자국 모두 훼손되지 않게 잘 보존하기 위한 조치를 취해야 한다는 것이다.

아폴로 11호의 닐 암스트롱과 버즈 올드린Buzz Aldrin이 달에 남기고 온 미국 국기와 "We came in peace for all mankind(우리는 모든 인류를 위해 평화롭게 왔습니다)"라고 쓰인 달 착륙 기념판, 우주선이 다시 이륙할 때 무게를 줄이기 위해 버렸던 여러 물건이 50년 넘는 세월 동안 달에 그대로 있을 것이다. 1972년 아폴로 17호의 우주인들이 달에 마지막으로 다녀간 이후로 누구의 손길도 닿지 않은 채 방치되어 있는 우주 쓰레기이지만 동시에 우주에 두고 온 타임캡슐이기도 한 셈이다.

미국항공우주국National Aeronautics and Space Administration, NASA의 연구에 따르면, 우주선이 달에 이착륙할 때 달에 격렬한 모래와 먼지의 폭발이 일어난다고 한다. 그러므로 달에 있는 아폴로 유적지를 보호하기 위해 앞으로 달에 가는 우주선들은 아폴로 유적지에서 최소한 2킬로미터 떨어진 곳에 이착륙해야 한다고 권고한다. 아폴로 유적지에 과도한 손상을 입히지 않으면서 접근이 가능한 경계를 제시한 것이다.

2019년 1월 3일 오전 11시 26분 중국의 달 탐사선 창어 4호가 인류 역사상 처음으로 달의 뒷면에 착륙하는 데 성공했다. 미국과 중국 등 각 나라의 달 탐사 경쟁이 다시 치열해지고 있다. 달에 대한 유인 임무가 늘어남에 따라 시스루나에서의 안전한 비행을 보장하기 위한 활동도 더 필요해지고 있다. 지구 저궤도와 정지궤도뿐만 아니라 정지궤도 너머 달의 궤도까지 모두 안전하게 우주 활동을 할 수 있는 공간이 되어야 한다.

3

인공위성이
우주 쓰레기가 되기까지

인류가 우주로 나가는 이유

인공위성은 인간을 위한 특정한 목적을 수행하기 위해 우주로 쏘아 올려진다. 만약 특정한 목적이 없다거나 그 목적을 수행할 수 없게 된다면 우주 쓰레기로 전락한다. 임무를 잘 수행하고 마친 인공위성도 그대로 방치된다면 우주 쓰레기가 된다. 그러니 인공위성이 많이 발사될수록 우주 쓰레기가 늘어날 수밖에 없다.

수많은 우주 쓰레기를 만들었고, 만들고 있는 인공위성을 인류는 왜 계속해서 쏘아 올리고 있을까? 우주로 나간 인공위성이 어떠한 일들을 하고 있는지, 우리가 누리는 생활의 편리함이 그 일들과 어떻게 연결되어 있는지를 살펴보면 알 수 있다.

　미소 우주 경쟁 시대에는 상대 국가의 정보를 알아내기 위해 군사 목적의 인공위성이 주로 발사되었고, 이러한 위성들이 수많은 과학적 사실을 밝혀내는 임무를 해내기도 했다. 스푸트니크 1호가 송신하는 '삐삐'거리는 신호 소리가 라디오를 통해 중계됨으로써 전 세계가 스푸트니크 충격을 받았지만, 더불어 지구 대기의 압력과 온도를 측정하는 계측기를 통해 데이터를 보내오기도 했듯이 말이다. 밴앨런대를 발견한 익스플로러 1호나 지구가 완전한 구가 아니라는 사실을 발견한 뱅가드 1호도 마찬가지이다.

　이후에도 실생활에 필요한 우주기술들이 발전하면서 인류의 인공위성에 대한 의존도는 급격히 증가했다. 이미 우리는 인공위성 없는 생활이 불가능한 시대에 살고 있다. 매일 보는 시계, 길을 안내하는 내비게이션, 오늘 날씨를 알려주는 기상예보, 티브이로 보는 다른 나라의 소식 등 우리는 인공위성이 제공하는 정보를 이용해 편리한 생활을 누리고 있다. 인공위성이 촬영한 영상 정보는 지리정보시스템geographic information system, GIS을 구축하거나 지도를 제작하는 데 활용되고, 산불이나 황사, 해양 기름 유출 사고와 같은 재해와 재난 상황을 감시하는 데도 이용된다. 인터넷을 통해 인공위성 영상 지도도 바로 확인할 수 있다.

우주 분야에서 가장 상업적인 성공을 거둔 인공위성은 방송통신위성이다. 방송통신위성은 지구의 한 지점에서 다른 지점으로 통신과 방송에 필요한 신호 등 여러 데이터를 중계하는 역할을 한다. 간단히 말해서 우주에 떠 있는 전파중계기인 셈이다. 중계기가 촘촘하게 있을수록 통신 지연 없이 원활한 서비스를 제공할 수 있다. 그래서 방송통신위성은 지금까지 가장 많이 발사된 인공위성이기도 하다. 운용 중인 인공위성 가운데 3분의 1을 차지한다. 지구 궤도에 가장 많이 우주 쓰레기로 남겨져 있는 인공위성 또한 방송통신위성이다.

자원 개발로 인한 지표면의 변화부터 전 지구적 기후 위기까지 지구환경은 급격히 변하고 있다. 그로 인해 인류는 다양한 환경문제에 직면했다. 이러한 문제를 파악하고 대처하기 위해 장기간에 걸친 지구 관측 자료가 더욱 필요해졌다. 지구관측위성은 이름 그대로 지구에서 무슨 일이 일어나는지를 직접 관측하여 보여주는 임무를 수행한다.

지표면에서 수백 킬로미터 위로 올라가 지구를 내려다보면 넓은 지역을 한번에 촬영할 수 있다. 비행기로 가지 못하는 다른 나라의 영공을 인공위성은 우주 공간에서 마음 놓고 다닐 수도 있다. 초고해상도 카메라만 있다면 지구 구석구석을 직접 관측할 수 있는 것이다. 여러 대의 인공위성을 이용해 하루에 한 번 지구 전역을 찍어 이미지화하는 임무도 수행되고 있다. 마치 스캐너로 지구 표면 전체를 스캔하는 효과를 내기 위해 인공위성 군단을 형성하기도 한다.

과거에는 국가에서 지구관측위성을 대형위성으로 한 대씩 개발해 발사했다면 최근에는 민간에서 소형위성으로 수십에서 수백 대를 개발해 동시에 운용한다. 그러다 보니 매년 발사되는 지구관측위성의 수가 더욱 늘어날 수밖에 없다. 5~10년가량 되는 임무 수명을 고려하면 매년 발사되는 지구관측위성의 수가 임무를 수행하고 있는 기존 지구관측위성의 수를 훨씬 앞지르게 되리라는 것을 예견할 수 있다.

지구관측위성이 지상의 물체를 얼마나 정밀하게 관측할 수 있느냐에 따라 군사 목적의 첩보위성 역할을 하기도 한다. 지구 궤도로 쏘아 올려진 인공위성들이 통신 임무 다음으로 많이 수행하고 있는 것이 바로 군사 임무이다. 군사 목적에서 보면 우주는 가장 가고 싶고 가야만 하는 공간이다. 스푸트니크 충격 직후 당시 사람들은 소련이 우주에서 지구의 일거수일투족을 감시하고 있다고 믿고 이를 두려워했다고 한다. 냉전 시대의 상징인 군사정찰위성은 그에 관한 정보가 잘 드러나 있지도 않기에 어느 정도의 숫자가 지구 궤도에 있는지 정확히 파악하기 힘들다. 하지만 1960~1970년대 발사된 인공위성 가운데 미국과 소련의 군사정찰위성이 가장 큰 비중을 차지한다는 것은 확실하다. 1980년대까지만 해도 미국이 400회 이상, 소련이 1000회 이상 군사위성을 발사했다.

우리가 지금 어디에 있는지, 가려고 하는 목적지까지 어느 경로로 가면 빠른지 등 모든 위치 정보를 제공하는 인공위성이 있다. 바로 항법위성이다. 항법위성은 위치뿐만 아니라 시간 정보까지 정확하게 제공하는 임무를 수행한다. 우리가 세계 어느 곳으로 여행을 가든 스마트폰으로 시간과 위치를 파악할 수 있는 것은 항법위성 덕분이다. 일상생활에서 자주 사용하는 내비게이션 또한 항법위성의 신호를 이용한다. 자동차나 비행기, 배 그리고 우주에 있는 인공위성도 GPS[9] 수신기만 있다면 지구나 우주 어디에서든 신호를 받아 위치를 알 수 있다. 무인 자율주행 자동차, 드론뿐만 아니라 지진과 같은 재난 예측에도 GPS 시스템은 필수이다. GPS가 없었다면 모두 가능하지 않았을 기술들이다.

항법위성은 지구 어디에서나 밤하늘을 올려다봤을 때 최소

---

[9]　Global Positioning System의 약자로 항법위성에서 보내는 신호를 수신해 사용자의 현재 위치를 계산하는 위성 항법 시스템을 말한다.

4대의 위성이 보이도록 배치해야 하기 때문에 전 지구적으로는 최소 24대의 인공위성이 필요하다. GPS 위성은 대표적인 항법 위성이다. 최초의 항법위성인 NAVSTAR GPS가 1978년 발사된 이후 지금까지 총 73대가 발사되었다. 현재 32대가 임무를 수행 중이고 나머지는 임무를 다하고 우주 쓰레기가 되어 지구 궤도에 남아 있다.

러시아의 글로나스GLONASS, 유럽의 갈릴레오Galileo, 중국의 베이더우北斗, 일본의 QZSS 등 각 나라가 자체 항법 시스템을 확보하기 위해 계속해서 항법위성을 발사하고 있다. 시스템을 유지하기 위해서는 운영 중인 인공위성이 최소 수십 대는 필요하다. 그래서 수명이 다하거나 고장 난 인공위성을 대신할 인공위성을 곧바로 지구 궤도에 보내는 것이다.

지구의 날씨와 기후 변화를 감시하는 기상위성도 마찬가지이다. 태풍, 홍수, 폭설, 미세먼지 등의 기상을 예보하기 위해서는 끊김 없는 서비스가 가능해야 하므로 한순간도 놓치지 않고 임무를 수행해야 한다. 기상 임무를 수행하는 인공위성은 사실상 우리 생활과 가장 밀접하게 연관된 위성인 만큼 계속해서 개발·운용되고 있다.

자신이 살고 있는 곳을 벗어나 더 넓은 세상을 보고 싶어 하는 인간의 욕구는 어쩌면 인류가 우주 활동을 하는 가장 근본적인 이유일 것이다. 1961년 4월 최초의 유인 우주선 보스토크 1호 Восток-1가 우주인 유리 가가린Yurii Gagarin을 태우고 지구 궤도를 돌며 인류의 우주 항해 시대를 연 이후 인류는 우주를 자유로이 오가고 있다. 1969년 아폴로 11호가 닐 암스트롱을 달 표면에 착륙시키며 지구 궤도를 넘어 달에 인류를 보내는 데 성공했고, 현재 지구 궤도에 있는 국제우주정거장에는 사람이 거주하고 있다. 앞으로 우주로 나가는 인공위성에는 사람이 타게 될 것이다.

땅과 바다, 하늘 그리고 더 높은 우주로 활동 영역을 넓히고 우주의 신비를 좀 더 가까이서 체험하게 해주는 수많은 인공위성이 지금도 지구 주위를 돌고 있다. 우주기술이 발전함에 따라 인공위성은 인류에게 수많은 편리와 이득을 제공해주는 존재가 되었다. 앞으로도 우주에서 인공위성이 해야 할 일들은 계속해서 늘어날 것이다.

60여 년이 넘는 시간 동안 발사되었던 인공위성의 수보다 앞으로 몇 년 사이에 발사될 인공위성의 수가 훨씬 더 많을 것이다. 다 쓴 인공위성들이 쓰레기가 되어 지구 궤도를 꽉 채우게 되면 당장 발사해야 할 인공위성이 자리 잡을 공간이 없어질 수도 있다. 급증하는 새로운 인공위성과 다 쓰고 버려지는 인공위성으로 인해 복잡해지는 우주환경은 인류가 해결해야 할 또 다른 환경문제가 되었다.

인공위성도 무덤이 있다

자동차가 수명을 다하면 폐차장으로 가듯이 수명을 다한 비행기도 최후를 맞이하는 무덤이 있다. 미국 애리조나주 투손Tucson 근처에는 비행기 무덤aircraft boneyard이 있다. 축구장 1400여 개를 합한 넓이쯤 되는 곳에 퇴역한 전투기와 수송기, 항공기, 민항기 수천여 대가 모여 있다. 비가 거의 내리지 않는 건조한 기후를 이용해 더 이상 운용하지 않거나 정비를 통해 재사용하기도 하는 비행기들을 그대로 보관한다.

프랑스 샤토르Châteauroux에도 전 세계의 노후한 민항기의 마지막을 처리하는 비행기 폐차장이 있다. 지구관측위성이 찍은 위성 사진을 통해 비행기 무덤의 모습을 확인할 수 있다. 규모도 크고 관리도 힘들어서 퇴역한 항공기를 처리하는 것도 쉬운 일이 아니다.

비행기들의 무덤처럼 폐기된 인공위성을 모아두는 장소도 있다. '무덤궤도graveyard orbit' 또는 '폐기궤도disposal orbit'라고 불리는 곳으로 정지궤도와 지구동기궤도인 고도 3만 5786킬로미터보다 200~300킬로미터 더 높은 곳에 있다. 보통 수명이 다한 정지궤도 위성은 지구 대기권으로 떨어뜨리는 것보다는 정지궤도보다 고도가 높은 무덤궤도로 이동하는 방법을 선택한다. 정지

우주 쓰레기가 온다

궤도에서 지구로 인공위성이 자연히 떨어지려면 수천 년이 걸릴 수도 있고, 고도를 강제로 낮추는 경우에는 연료가 훨씬 많이 들며 다른 궤도에도 영향을 줄 수 있기 때문이다. 좀 더 안전한 방법으로 무덤궤도를 택하는 것이다. 물론 연료가 남아서 궤도를 조정할 수 있을 때에만 쓸 수 있는 방법이다. 정지궤도 위성을 더 높은 곳으로 이동하기 위해서는 정지궤도에서 세 달간 머물수 있을 정도의 연료가 필요하다.

무덤궤도로 옮겨진 퇴역한 인공위성들은 아주 오랫동안 그 자리에 머물게 된다. 그래서 정지궤도에서 고도 200킬로미터 안팎인 3만 5600킬로미터에서 3만 6000킬로미터 영역은 정지궤도의 보호 영역으로 철저히 관리된다. 정지궤도의 오염을 줄이기 위해 폐기궤도를 만든 것이다.

하지만 정지궤도에 있는 인공위성 가운데 절반 정도는 폐기궤도로 옮겨지지 못한 채 제어되지 않는 곳인 표류궤도drift orbit에 남아 있다. 지구 중력장이 균일하지 않기 때문에 제어되지 않는 정지궤도 위성이 자연스럽게 모이는 곳이 생기는데, 동경 75도와 정반대 편인 서경 105도가 그 지점이다. 표류하는 정지궤도 위성들은 두 지점 중 한 곳으로 흘러가게 된다.

지구에 있는 우주 쓰레기 처리장

저궤도 인공위성을 위한 무덤은 지구에 있다. 저궤도에 있는 무게가 수 톤 이상인 대형위성의 경우에는 수명이 다하면 궤도 조정을 통해 지구의 안전한 곳으로 떨어뜨리는 폐기 기동을 수행한다. 인구가 적거나 없어서 피해를 최소화할 수 있는 곳으로 떨어뜨리는 것이다. 보통 사막이나 대양 한가운데로 재진입을 시도하는데, 만에 하나 실패해 사람이 있는 곳으로 떨어지면 지상에 큰 피해를 줄 수 있다. 그래서 저궤도에 있는 대형 인공위성은 안전을 확보할 수 있을 때에만 폐기 절차를 시도한다.

1986년에 발사된 러시아의 우주정거장 미르도 2000년 말 폐기가 결정된 후 지구로 재진입을 시켰다. 130톤 가까운 무게의 우주정거장 미르는 워낙 거대한 구조물이었기 때문에 대기권에서 공기와의 마찰로 분해가 된다고 해도 남은 부품들이 지상으로 떨어질 것이라 예상되었다. 10퍼센트만 떨어져도 13톤에 가까운 고철 덩어리가 하늘에서 떨어지는 것이니 만약 사람이 사는 지역에 떨어진다면 큰 재난이 될 터였다. 전 세계는 미르의 지구 재진입을 예의 주시했다. 다행히 뉴질랜드 동쪽 공해상으로 재진입을 수행해 피지의 난디Nadi 근처 남태평양 바닷속으로 가라앉았다. 지상에 피해를 주지는 않았지만, 지구의 바닷속 쓰레기로 묻히게 된 것이다.

감마선 대역을 관측했던 미국의 CGRO Compton Gamma Ray Observation도 1991년부터 2000년까지 활동한 뒤 2000년 6월 4일 태평양 해상에 안전하게 추락했다. 미르 우주정거장에 비하면 작지만, 17톤의 무게를 지녔던 CGRO는 약 6톤의 파편들이 남아서 태평양에 떨어졌을 것이라 추정된다.

이 밖에도 많은 인공위성의 지구 재진입을 유도해 지구 궤도를 비우는 노력을 시도했다. 1톤보다 작은 인공위성은 지구 대기권을 통과하면서 대부분 연소되어 지상으로 떨어질 잔해가 남지 않는다. 하지만 수 톤이 넘는 대형 인공위성은 결국 잔해가 지상으로 떨어지고 만다. 그래서 그 잔해들로 인한 피해를 최소화하기 위해 태평양 같은 곳에 떨어지도록 조정하는 폐기 기동을 시도하는 것이다. 물론 이마저도 제어가 불가능한 우주 쓰레기들은 해당 사항이 아니다.

지구 궤도를 떠다니는 우주 쓰레기가 되지 않도록 다시 지구로 인공위성을 떨어뜨리더라도 결국 대기권에서 타다 만 잔해들을 지구에 버리는 셈이다. 우주의 쓰레기를 지구의 바다에 버려야 한다니 아이러니하다. 하지만 결국 지구든 우주든 쓰레기를 안전하게 처리할 곳은 필요하다.

지구에서도 가장 인기 있는 우주 쓰레기 처리장이 있다. 남태평양의 남위 48도, 서경 123도 부근으로 수명이 다한 인공위성을 추락시키는 지점으로 자주 이용된다. 이곳은 지구상에서 육지로부터 가장 멀리 떨어진 지점으로 '해양도달불능점'이라 부른다. 소설《해저 2만 리》에 등장하는 선장 이름을 따서 '포인트 니모point nemo'라고도 불린다. 이 지점에서 가장 가까운 육지는 이스터섬으로 2683킬로미터나 떨어져 있다. 이곳은 다른 바다에 비해 생명체가 거의 살지 않는 것으로 알려져 있다. 1971년 소련의 우주선이 이곳에 수장된 이후 현재 200여 대가 넘는 인공위성이 이곳에 가라앉았다. 미르 우주정거장도 여기에 떨어졌고, 앞으로 국제우주정거장도 미르와 비슷한 과정을 거쳐 니모에 수장될지도 모른다. 포인트 니모의 바닷속은 추락한 인공위성의 역사가 그대로 남아 있는 수중 박물관 같을지도 모르겠다.

인간이 만든 우주물체는 지구든 우주든 결국 어딘가에 버려지고 흔적을 남긴다. 만들어진 우주 쓰레기에 대해서는 최대한 안전하게 처리하는 방법을 찾는 것이 최선일 것이다.

4

밤하늘을 가득 메운
인공위성의 습격

올드 스페이스에서 뉴 스페이스로

2019년 7월, 제1회 코리아 스페이스 포럼Korea Space Forum[10]이 서
울에서 열렸다. 이 포럼에서 가장 화두가 된 말은 바로 '뉴 스페

---

10 과학기술정보통신부가 주최하고 한국항공우주연구원과 동아사이언스가 공동 주관한 행
사로, 우주산업의 세계 동향을 점검하고 새로운 사업과 협력 가능성을 모색한다는 취지
로 개최되었다. 미국과 유럽, 일본 등에서 우주개발을 이끄는 정치인, 기업인, 석학들이
참석해 각국의 우주개발 경험과 노하우를 공유했으며, 특히 정부에서 민간으로 우주개발
의 주체가 변하고 있는 최근의 추세에 대한 논의가 주를 이뤘다.

이스new space'였다. 말 그대로 새로운 우주, 혁신적이고 투명한 신뢰성을 바탕으로 하는 새로운 우주개발을 말한다.

'올드 스페이스'로 지칭되는 과거의 우주개발은 미국과 소련이 우주에서 유리한 군사적 위치를 선점하기 위해 이루어진 군사 목적의 우주개발이었다. 군사와 안보를 위한 로켓과 인공위성 개발이 국가 주도로 이루어졌고, 군사 목적의 임무를 띤 인공위성들이 지구 궤도를 차지했다. 대형 인공위성과 발사체를 개발하는 데에는 막대한 비용이 들기 때문에 우주개발은 국가 주도로 진행될 수밖에 없었다. 인공위성을 통해 얻은 거의 모든 정보는 군사정보로 분류되었고, 발사체나 인공위성을 만드는 기술은 모두 군사기밀로 다뤄졌다.

하지만 우주개발에도 새로운 변화가 시작되었다. 국가가 주도하는 매우 제한적이고 폐쇄적인 우주개발 시대를 벗어나 민간이 주도하는 개방적이고 상업적인 우주개발 시대, 뉴 스페이스가 펼쳐진 것이다. 이제 정부가 우주개발을 독점하던 시대를 지나 진정으로 인류의 꿈을 실현하는 민간 우주탐사의 시대가 열렸다.

우주발사체나 인공위성은 정부에서만 개발할 수 있는 것이 더 이상 아니다. 훈련받은 우주인만 우주에 나갈 수 있는 것도 더 이상 아니다. 개인이나 민간기업도 인공위성을 만들어 우주로 보낼 수 있다. 누구든지 우주로 여행을 갈 수 있는 시대가 온 것이다. 우주에 대한 장벽이 점점 낮아지고 있다. 비행기를 타고 세계 어디든 다닐 수 있는 것처럼 우주로의 여행도 그렇게 되어 갈 것이다.

최근 미국의 영화배우 톰 크루즈가 미국항공우주국과 함께 국제우주정거장에서 영화를 찍을 예정이라는 기사가 났다. 미국의 우주개발기업인 스페이스 엑스와 미국항공우주국이 함께 진행하는 프로젝트로, 우주 공간을 컴퓨터그래픽으로 재현하는 것이 아니라 실제로 우주에서 촬영하여 영화를 만들겠다는 계획이다. 우주를 촬영 현장 삼아 배우가 연기를 펼치는 사상 최초의 영화가 되는 것이다.

대표적인 민간 우주개발기업 스페이스 엑스는 뉴 스페이스 시대를 선도하고 있다고 해도 과언이 아니다. 팰컨 9 발사체를 통해 로켓 회수와 재활용 기술을 확보했고, 한 번에 60대의 소형 인공위성을 동시에 발사하는 기술도 확보하며 우주개발 비용을 획기적으로 낮췄다. 2020년 5월에는 민간기업 최초로 유인 우주선 발사에 성공했다. 스페이스 엑스의 유인 우주선 크루 드래건 Crew Dragon은 미국 플로리다주 케네디우주센터에서 팰컨 9에 실려 우주로 날아올라 지구 상공 420킬로미터에 있는 국제우주정거장에 안전하게 도착했다. 그리고 같은 해 11월에는 네 명의 우주인을 태운 리질리언스Resilience 우주선이 국제우주정거장에 갔다가 지구로 안전하게 귀환하면서 미국항공우주국으로부터 공식적으로 인정받은 첫 민간 유인 우주선이 되었다.

뉴 스페이스 시대를 이끄는 민간기업은 스페이스 엑스 외에도 아마존Amazon의 블루오리진Blue Origin, 비글로 에어로스페이스Bigelow Aerospace, 버진 갤럭틱Virgin Galactic 등 점점 늘고 있다.

그러나 뉴 스페이스가 단순히 민간이 주도하는 상업적인 우주개발만으로 한정되는 것은 아니다. 뉴 스페이스는 우주개발을 민간이 할 수 있도록 국가 차원에서 정책과 지원이 필요하다는 것을 포함하는 말이기도 하다. 미국은 뉴 스페이스 시대를 위한 패러다임의 전환으로 정부와 민간의 협력을 강화해 우주산업을 키우겠다는 '상업우주발사경쟁력법'을 제정했다. 일본도 '우주활동법', '원격탐사법' 등의 법 제정을 통해 민간의 우주개발 참여를 촉진하며 정책적으로 정부의 지원 방안을 마련하고 있다. 민간의 우주개발과 함께 국가의 정책과 전략이 뉴 스페이스를 만들어가고 있는 것이다.

달과 화성으로 유인 우주선을 보내고 우주로 여행을 가는 꿈만 같던 일들을 실현해내고 있는 뉴 스페이스 시대는 무한한 꿈과 상상력 그리고 모험심을 바탕으로 이뤄지고 있다. 하지만 그렇기 때문에 주의해야 할 점이 있다. 뉴 스페이스 시대의 장밋

빛 미래를 위해서는 우주를 상업적인 공간으로 완전히 방치해서는 안 된다. 우주가 어느 한 국가가 독차지할 수 있는 공간이 아닌 것처럼 몇몇 기업이 독점하는 공간이 되어서도 안 되기 때문이다. 올드 스페이스는 국가가 주도하는 우주개발 경쟁 시대였기 때문에 우주개발의 책임을 국가가 졌다면, 뉴 스페이스에서는 민간 우주기업들이 우주를 이용하는 데 책임감을 가져야 한다. 상업적인 이용을 위한 무분별한 우주개발은 지구 궤도를 더욱 혼잡하게 만드는 결과로 이어질 수 있다. 버려진 인공위성과 우주발사체의 잔해들로 인해 우주 쓰레기 문제는 더욱 심각해질 것이 불 보듯 뻔한 상황이기 때문이다.

소형위성 전성시대

이제는 누구나 쉽게 구글 지도를 통해 전 세계의 위성 영상을 볼 수 있다. 지구 표면을 스캐닝하듯 촬영한 영상 자료들로 원하는 지역이라면 언제 어디서든 볼 수 있다. 지구관측위성이 보내주는 정보들 덕분이다.

고성능의 지구관측위성은 하루에 지구를 열네 바퀴 돌면서 지구의 전 지역을 모두 찍을 수 있다. 여러 대를 발사하고 싶어도 한 대를 만드는 데 개발 기간과 비용이 많이 들기 때문에 쉽게 엄두를 내기 힘들다. 한국의 아리랑 1호, 2호, 3호, 3A호, 5호가 모두 지구관측위성이다. 아리랑위성은 대개 500~1400킬로그램의 중형위성으로 각각 고성능으로 개발해 발사된다. 보통 개발에 3~5년 이상이 걸리는 국가 프로젝트이다.

그런데 뉴 스페이스 시대로 들어서면서 많은 민간기업이 개발 기간과 비용을 획기적으로 낮춘 소형위성을 개발하기 시작했다. 미국의 위성 스타트업 기업 플래닛 랩스Planet Labs는 저렴한 비용으로 활용할 수 있는 큐브위성 도브Dove를 개발했다. 지구를 스캔하듯이 찍어 보여주겠다는 목표로 2013년 4월부터 지금까지 400여 대가 넘는 위성을 발사했다. 2021년 1월에는 48대의 위성을 동시에 발사하기도 했다. 현재 지구 궤도에 300여 대가 남아 별자리처럼 군집을 이루어 지구를 돌며 매일 지구 전체의 30퍼센트 이상을 촬영하고 있다.

소형위성 여러 대로 이루어진 군집위성은 대형 인공위성 한 대가 할 수 있는 제한된 촬영을 소형위성들이 동시에 흩어져 촬영하거나 같은 지역의 재방문 횟수를 늘려 반복해 촬영하는 방식으로 수행한다. 보통의 지구관측위성처럼 고해상도 영상을 얻기는 어렵지만, 넓은 지역을 자주 방문할 수 있으므로 지구환경의 변화를 빨리 발견할 수 있다는 장점이 있다. 소형위성들을 한 줄로 늘어세워서 각 위성이 조금씩 다른 지역을 관측하게만 해도, 지구가 자전을 하므로 마치 스캐너로 스캔하듯이 지구를 촬영할 수 있다. 플래닛 랩스의 위성들은 하루에 140만 개 이상의 이미지를 만들며 세계 모든 지역의 상황을 하루 단위로 실시간 업데이트하고 있다. 소형위성을 이용해 지구 관측 임무의 새로운 패러다임을 만든 사례이다.

보통 500킬로그램급 이하를 소형위성, 10~100킬로그램급을 초소형위성, 1~10킬로그램급을 나노위성이라고 한다. 1킬로그램 이하는 큐브위성으로 분류된다. 단순히 무게만 줄인다고 해서 소형위성으로 운영이 가능한 것은 아니다. 소형위성이라고 해도 우주환경에 견딜 만한 사양을 갖춰야만 운영의 안정성을 보장할 수 있다.

플래닛 랩스가 쏘아 올린 소형 지구관측위성들처럼 한 번에 수십 대의 인공위성이 우주로 보내지면서 지구 궤도에 있는 인공위성의 수는 과거에 비해 급격히 증가하고 있다. 특히 일론 머스크Elon Musk의 스페이스 엑스는 팰컨 9 발사체로 한 번에 60대의 인공위성을 동시에 발사하고 있다. 2019년 5월 24일 첫 발사를 시작으로 2021년 3월 14일까지 총 23회에 걸쳐 1323대의 스타링크 위성을 발사했다. 스타링크 프로젝트는 1만 2000대의 인공위성을 저궤도에 올리겠다는 계획이다. 고도 380~550킬로미터에 초대형 군집위성을 구축해 전 세계에 1초당 1기가바이트 속도의 초고속 인터넷 네트워크를 제공하겠다는 계획이다. 스타링크의 저궤도 습격은 지구 궤도의 인공위성 수를 급격히 올리는 데 한몫하고 있다.

1957년부터 이후 65년간 발사된 인공위성이 1만 1000여 대인데, 2020년 한 해에 발사된 인공위성만 1200여 대로 전체의 10퍼센트가 넘는다. 2021년에는 3개월 동안만 벌써 560여 대의 인공위성이 발사되었다. 앞으로 이러한 추세는 더욱 가속화할 것으로 보인다. 스페이스 엑스 외에도 초대형 군집위성으로 글로벌 통신 서비스를 계획하고 있는 민간기업이 점점 많아지고 있기 때문이다.

영국의 위성통신 스타트업 원웹 또한 위성을 기반으로 한 전 세계 광대역 네트워크 서비스를 준비하고 있다. 2019년 2월 27일 여섯 대를 시작으로 지금까지 총 146대의 위성을 고도 600~1200킬로미터에 발사했다. 원웹이 재정 악화로 파산 위기에 몰리긴 했지만, 영국 정부가 원웹의 지분을 인수하면서 위성 인터넷 망 구축 계획에 동참했다.

카이퍼 프로젝트Project Kauiper는 미국의 기업 아마존이 시행하는 것으로, 3236대의 통신위성을 고도 590~630킬로미터 궤도에 올려 고속 인터넷망을 구축해 위성 인터넷 서비스를 제공하고자 한다. 최근 미국 연방통신위원회Federal Communications Commission, FCC가 아마존의 카이퍼 프로젝트를 승인함으로써 스페이스 엑스의 스타링크 프로젝트와 경쟁을 벌이게 되었다. 아마존은 지구상에서 아직 인터넷 서비스가 제공되지 않는 소외된 지역에 인터넷을 보급하겠다는 목표를 갖고 있다.

이러한 초대형 군집위성들의 발사가 가속화되면서 우주 쓰레기 문제가 더욱 대두되고 있다. 초대형 군집위성 개발을 주도하는 아마존과 스페이스 엑스는 서로의 사업에 대해 우주에서의 충돌 위험을 증가시키고 위성 운용에 방해가 된다고 주장하며 설전을 벌이고 있다.

민간기업들의 참여가 활발해졌지만 아직 인공위성 발사나 우주에서의 운영을 제도적으로 관리하고 규제하는 방안이 마련되지 않아 우려를 낳고 있다. 특히 초대형 군집위성이 늘어나면서 미국 연방통신위원회에서도 지구 궤도의 인공위성을 관리하고 우주 쓰레기를 줄이기 위한 대책을 마련해야 한다고 권고하고 있다. 하지만 민간기업들이 권고 사항을 얼마나 따를지는 의문이다. 스타링크 위성은 수명이 다하면 지구 대기로 진입해 스스로 소멸하도록 설계했다고 한다. 하지만 그대로 진행될지를 감독하고 관리하는 체계는 없는 실정이다. 아마존의 카이퍼 프로젝트도 잔해를 완화하는 계획을 제출하도록 단서 조항을 달고 조건부 승인이 된 상태이다. 하지만 소형위성의 급격한 증가가 우주의 교통 혼잡을 초래하고 심각한 우주 쓰레기 문제로 돌아오게 되리라는 사실은 불 보듯 뻔하다.

지금 지구 궤도에는 2만 3000여 개의 인공우주물체가 떠다니고 있다. 몇 년 안에 그 숫자만큼 새로운 인공위성들이 지구 궤도에 쏘아 올려질 것이다. 뉴 스페이스 시대가 소형위성의 습격으로 인해 우주 사고의 시대가 되지 않도록 우주 쓰레기 문제를 선제적으로 해결할 방안을 마련하고 실천해나가야 한다.

별빛을 가로막는 인공위성

어릴 적 일요일 아침이면 〈은하철도 999〉라는 만화영화를 챙겨보곤 했다. 아마도 이 만화를 한 번이라도 본 사람이라면 우주 공간을 누비는 열차의 모습을 떠올릴 수 있을 것이다. 실제 우주 공간에도 만화 속 열차 같은 모습으로 우주 공간을 이동하는 위성들이 있다. 스타링크 위성들은 우주에 동시에 뿌려진 뒤 위치 조정 시스템을 이용해 일자로 정렬하여 지정된 위치로 이동한다. 지구 주변의 인공우주물체를 표시한 지도를 보면 사선으로 줄지어 찍혀 선처럼 보이는 점들을 볼 수 있는데, 바로 스타링크 위성들이 줄지어 날아가는 모습이 포착된 것이다(화보 2).

몇 년 전부터 유엔과 국제천문연맹International Astronomical Union, IAU에서는 초대형 군집위성을 이루기 위해 발사되는 소형 위성들이 천문 관측을 방해할 수 있다는 우려를 표해왔다. 실제로 한국천문연구원에서도 허큘리스 별자리에 있는 구상성단 M13을 관측하던 중에 스타링크 위성 여덟 대의 궤적이 찍히기도 했다(화보 10). 스타링크 위성들이 천체 관측을 방해하는 순간이 촬영된 것이다. 그 사진은 언론을 통해 보도되면서 천문학계의 우려가 현실임을 보여주었다.

한 연구에 따르면, 1년 동안 야간 관측을 기준으로 단순 추정했을 때 관측 이미지들 가운데 30~50퍼센트가량이 인공위성의 영향을 받을 것이라고 본다. 초대형 군집위성은 대개 저궤도에 위치해 있고 워낙 많은 수의 위성이 퍼져 있어 이들이 만드는 빛 공해를 피하기는 쉽지 않아 보인다.

실제로 스페이스 엑스는 미국천문학회American Astronomical Society, AAS와 협력해 군집위성의 빛 공해를 줄이려고 노력하기도 했다. 빛 반사를 줄이기 위해 스타링크 위성들에 차양 막을 씌우고, 검은색 도료가 코팅된 다크샛DarkSat 위성과 반사를 방지하는 패널을 장착한 바이저샛VisorSat 위성을 발사하기도 했다. 하지만 이후 발표된 논문에 따르면, 빛 반사를 줄인 다크샛이 기존보다

두 배 정도 어둑해졌다고는 하지만 실질적인 효과가 있지는 않았다. 실제로 효과를 보기 위해서는 열다섯 배 정도 더 어두워야 한다고 한다. 빛 반사를 줄이는 이러한 노력은 초대형 군집위성이 천체 관측을 방해하는 것을 막는 데 근본적인 해결책이 될 수는 없을 것 같다.

과거 전깃불이 없던 시절에는 어디서나 밤하늘의 별이 잘 보였을 것이다. 하지만 대도시의 불빛이 꺼지지 않는 오늘날에는 별을 보기 위해서는 불빛이 없는 한적한 곳을 찾아 떠나야 한다. 그래서 천체 관측을 위한 망원경들은 불빛을 피해 산꼭대기에 설치된다. 하지만 이제는 소형위성군의 습격으로 천체 관측이 더 어려워지고 있다. 당분간은 스타링크나 원웹의 초대형 군집위성이 지나가는 시간을 피해 천체 관측을 해야 할 것이다. 앞으로는 천체 관측을 하기 위해서는 망원경을 우주에 띄우는 수밖에 없는 시대가 올지도 모른다.

개발하고 발사하는 데 비용이 적게 드는 소형위성을 대량으로 우주로 내보내 전 지구적인 서비스를 가능하게 하려는 시도는 소비자에게는 좋은 소식일 수도 있다. 하지만 우주를 관측하고 감시하는 연구자에게는 신경이 쓰이는 일임이 틀림없다. 지구 궤도를 독점하듯 차지하며 천체 관측을 방해하고 다른 인공위성들과의 충돌 위험을 높이는 소형위성의 습격에 대비해야

한다. 뉴 스페이스 시대의 우주 공간을 안전하게 사용하고 공유
할 수 있도록 돕는 국제적인 규제가 반드시 필요하다.

우주산업의
장밋빛 전망과 그림자

뉴 스페이스 시대를 표방하며 우주산업에 뛰어드는 민간 기업이 점점 늘어나고 있다. 10년 전에는 우주 관련 기업이 10여 개뿐이었다면 이제는 1100여 개가 넘는다. 우주산업의 규모는 현재 약 400조 원에서 20년 뒤에는 세 배가 넘는 1130조 원 이상으로 성장할 것으로 예측된다. 우주산업의 팽창 속도가 심상치 않다.

로켓을 회수해 재활용하고 인공위성을 소형화하는 기술로 인해 우주로 나가는 비용이 줄어들면서 소형위성을 활용한 다양한 서비스 산업이 앞다퉈 생겨나고 있다.

플래닛 랩스처럼 소형위성이 촬영한 위성 영상을 활용한 산업이나 스페이스 엑스와 아마존, 원웹처럼 지구 궤도에 구축한 통신망으로 초고속 인터넷 서비스를 제공해 이윤을 창출하는 비즈니스 모델도 개척되었다.

최근에는 우주 쓰레기 청소를 비즈니스 모델로 제시해 새로운 사업 영역을 창출한 기업도 있다. 소형위성이 급격히 늘어난 상황을 역이용하여 이로 인해 발생할 충돌 위험을 줄이기 위한 기술적 해결책을 내놓겠다는 것이다. 우주 쓰레기를 청소할 여러 방안을 내세우며 다국적 우주기업 아스트로스케일Astroscale이 민간 최초로 우주 쓰레기를 청소하는 위성을 발사했다. 2021년 3월 22일 발사된 아스트로스케일의 청소위성 ELSA-dEnd-of-Life Services by Astroscale demonstration는 아직은 실험 단계인 계획 아래 발사되었다. 우주 쓰레기 청소 사업이 투자자들의 관심을 끌 수 있었던 이유는 이 기술의 활용 영역이 무궁무진함을 많은 사람이 알아챘기 때문일 것이다. 스위스의 스타트업 기업 클리어스페이스ClearSpace도 100킬로그램급 우주 쓰레기를 제거하는 우주 청소선을 개발하고 있다. 우주 쓰레기 청소 기술과 더불어 고장 난 위성을 수리하거나 연료가 부족한 위성에 연료를 주입하는 등 쓰레기가 될 수도 있는 위성의 수명을 늘리는 '궤도상 서비싱on-orbit servicing' 기술도 주목받고 있다.

우주자원 채굴사업 또한 위험성이 큼에도 불구하고 많은 우주기업이 도전하고 있는 분야이다. 인류의 미래를 위해 필요한 자원을 확보하겠다는 목표를 가지고 달과 화성 그리고 소행성까지 탐사를 이어가고자 한다.

이미 우리는 인류 역사에서 얼마나 많은 자원 쟁탈전이 있었는지 알고 있다. 이러한 싸움은 앞으로 우주에서도 벌어질지 모른다. 희토류의 백금, 헬륨과 같이 지구에서는 희소한 광물들이 소행성에는 풍부한 경우가 많다. 이러한 소행성의 가치를 알아챈 스타트업 기업들이 새로운 자원을 채굴하기 위해 소행성 포획 기술 등의 실험을 하고 있다.

우주여행 사업은 일반인의 관심을 가장 많이 받는 우주산업 분야이다. 2001년 4월 28일, 데니스 티토Dennis Tito는 우주여행을 꿈꾼 지 40년 만인 61세의 나이로 세계 최초의 우주 관광객이 되었다. 미국의 억만장자인 그는 러시아의 우주선 소유즈 TM-32를 타고 국제우주정거장으로 가 그곳에서 엿새간 머물며 우주를 만끽한 뒤 지구로 귀환했다. 이 여행에 그가 지불한 돈은 약 260억 원이었다. 이후

2002년에는 마크 셔틀워스Mark Shuttleworth, 2005년 그레고리 올슨Gregory Olsen, 2006년 아누셰흐 안사리Anousheh Ansari가 우주여행을 다녀왔고, 찰스 시모니Charles Simonyi가 2007년과 2009년에 소유즈 우주선을 타고 국제우주정거장에 다녀오면서 두 번의 우주여행을 경험한 최초의 우주 여행자가 되었다.

비행기를 타고 외국을 여행하듯 우주선을 타고 우주를 여행하는 시대가 현실로 다가오고 있다. 어떤 자격이나 신체 조건의 제약 없이 일반인이 특별한 훈련을 받지 않아도 우주선을 타고 우주정거장이나 우주호텔에 머무를 수 있고, 번지 점프를 하듯 우주 유영을 즐길 수 있는 우주여행 시대가 열린 것이다.

우주여행 산업이 대두되면서 관련한 파생 산업들도 생겨났다. 해외여행을 가기 위해서는 비행기를 타러 공항에 가야 하듯 우주여행을 하기 위해서는 민간 우주선이 이착륙하는 우주 공항이 필요하다. 2011년 10월 18일 공식 개장한 미국 뉴멕시코주의 사막 분지에 세워진 스페이스포트 아메리카Spaceport America는 세계 최초의 상업용 우주 공항이다.

미국의 우주개발 기업 비글로 에어로스페이스와 우주

기술 스타트업 기업 오리온 스팬Orion Span은 사람이 우주에 장기간 체류할 수 있는 우주호텔을 건설하는 사업을 하고 있다. 인간이 우주에 머물며 쉴 수 있는 우주 리조트를 꿈꾸고 있는 것이다.

우주산업의 선두그룹이자 치열한 경쟁관계인 스페이스 엑스와 아마존은 우주산업의 영역을 앞다투어 확장하고 있다. 스페이스 엑스는 '소형위성 합승 프로그램SmallSAT rideshare program'이라는 신개념 발사체 공유 서비스를 개시했다. 마치 여객기 표를 끊듯이 원하는 날짜에 위성을 우주로 내보낼 수 있는 서비스를 제공한다. 2021년 1월 24일 미국 케이프 커내버럴Cape Canaveral 공군기지에서 발사된 팰컨 9 로켓은 소형위성 143대를 지구 500킬로미터 고도에 한 번에 올려놓았다. 역대 최다 기록이다. 신중하게 한 대씩 인공위성을 발사해 운용했던 과거와는 차원이 달라졌다. 한 번에 수십 대의 소형위성을 발사하여 몇 대가 실패하더라도 운용하는 데에는 문제가 없게끔 하는 방식으로 변한 것이다.

한 번에 100대를 발사하든 1000대를 발사하든 지금은 우주로 인공위성을 보내는 데 특별한 제한이 없다. 누구나 우주로 쉽게 접근할 수 있지만, 그렇게 무분별하게 발

우주 쓰레기가 온다

사되는 인공위성들은 지구 궤도가 혼잡해지는 데 가장 크게 기여하고 있다. 인공위성의 수가 늘어나는 것을 단순히 우주개발의 장밋빛 전망으로만 볼 수 없는 이유이다. 새로 올라가는 인공위성뿐만 아니라 이미 지구 궤도에 올라가 있는 인공위성 또한 문제이다. 특히 소형위성은 임무 수명이 1~2년 정도로 매우 짧은 편인 데 비해 궤도 수명orbital lifetime[11]은 거의 수십 년에 달할 수 있다. 임무를 수행하지 않는 소형위성이 지구 궤도에서 자리만 차지한 채 몇십 년을 떠돌 수 있다는 말이다. 뉴 스페이스 시대가 본격화됨에 따라 지구 궤도가 어떻게 변해가는지 그리고 그 변화가 어떤 위험을 동반하는지를 예의주시해야 한다.

---

[11] 인공위성이 임무 수명을 다한 후 우주 쓰레기가 되어 지구 궤도에 머무르는 시간을 말한다.

2부

ACE DEBRIS

떨어지고 충돌하는
우주로부터의 위험

5

지구로 추락하는 우주물체들

밤하늘을 가로지르는 빛의 정체

"'꽝' 하는 굉음과 함께 주변이 섬광처럼 환해졌어요." "거의 달만한 크기의 불덩어리가 떨어지는 걸 봤어요." "커다란 별똥별을 봤어요". 2014년 3월 9일 20시경, 수원·청주·포항·진주 등 전국 각지에서 한국천문연구원으로 차량 블랙박스에 찍힌 영상과 함께 유성을 봤다는 제보들이 쏟아졌다. 영상 속에는 수도권 상공에서 대기권으로 진입한 밝은 빛이 빠르게 이동하는 모습이 담겨 있었다.

한 개의 화구fireball가 경상남도 함양과 산청 인근의 상공에서 폭발 후 분리되었고, 그 일부가 진주 지역에 떨어졌다. 다음 날 경상남도 진주시 대곡면 단곡리 근처의 농가 비닐하우스에서 떨어진 운석이 발견됐다. 다행히 인명 피해는 없었다. 이 운석은 발견된 지역의 이름을 따서 '진주 운석'이라고 불린다. 당시 한국에서는 진주 운석이 하늘에서 떨어진 '로또'라고 불리며 순식간에 유명세를 탔다. 우주로부터의 위험이 어떤 사회적 관심과 혼란을 일으킬 수 있는지를 보여준 사례이다.

진주 운석이 떨어지기 1년 전인 2013년, 러시아에서도 유성이 떨어졌다. 모스크바에서 동쪽으로 1500킬로미터 떨어진 첼랴빈스크Chelyabinsk 상공에 떨어진 유성체는 지구로 낙하하면서 충격파를 발생시켜 도심 전체의 44퍼센트에 달하는 지역에 피해를 입혔다. 다행히 사망자는 없었지만 1600명의 부상자가 발생했고, 7000채가 넘는 건물이 피해를 입었다. 추후에 분석을 통해 물체의 직경이 17미터, 무게가 1만 톤에 달하고 초속 15킬로미터의 속도로 대기권을 뚫은 것으로 밝혀져 소행성 충돌로 분류되었다.

만약 서울 상공에서 첼랴빈스크 소행성 폭발과 같은 일이 일어난다면 어떻게 될까? 서울은 첼랴빈스크에 비해 인구밀도가 420배나 더 높기 때문에 그 피해가 훨씬 더 클 것이다. 더군

다나 유성체가 대기권에 떨어지면서 이온층이 교란되면 전파를 방해하는 통신 장애가 발생할 수도 있다. 폭발의 충격에 통신 장애까지 더해지면 크나큰 사회적 혼란이 일어날 것이다. 실제로 첼랴빈스크 소행성 폭발 당시에도 휴대전화가 정상 작동하지 않았다.

평균 100여 년 간격으로 크기 50미터 이상인 근지구천체Near Earth Objects, NEO[12]가 지구와 충돌해서 재난을 일으키는 것으로 알려져 있다. 지금도 하루에 10여 톤의 자연우주물체들이 지구로 떨어지고 있다.

2021년 3월 30일 미국 북서부 오리건주와 워싱턴주에서 마치 유성우가 쏟아지는 것 같은 장관이 펼쳐졌다. 긴 꼬리를 단채 빛을 내며 하늘을 가로지르는 수십 개의 물체가 나타난 것이다. 그런데 이것들의 정체는 유성체가 아니었다. 바로 스페이스엑스의 2단 재사용 로켓인 팰컨 9의 잔해였다. 2021년 3월 4일 스타링크 위성을 고도 350킬로미터로 올려 보낸 팰컨 9 발사체의 잔해가 지구 대기권으로 떨어지면서 펼쳐진 모습이었다. 스타링크 위성 60대를 우주로 보낸 후 팰컨 9의 로켓 몸통은 발사

---

12 소행성과 혜성 가운데 근일점perihelion, 즉 태양과 가장 가까워지는 지점의 거리가 1.3AU(천문학의 거리 단위로, 지구와 태양 사이의 거리를 의미한다. 1AU는 1억 5000만 킬로미터이다)보다 가까운 천체를 말한다.

한 지 22일 만에 지구로 돌아왔는데, 궤도에 남아 있던 잔해 중 일부가 뒤늦게 떨어지는 모습이 지상에서 관측된 것이었다. 떨어진 잔해들은 워싱턴주의 한 농장에서 발견되었다.

인공위성이 지구 궤도로 쏘아 올려지는 순간 임무를 다한 우주발사체의 잔해는 그대로 버려진다. 일부는 지구 대기권으로 떨어지고, 나머지는 여전히 지구 궤도에 남아 우주 쓰레기가 되는 것이다. 우주발사체와 인공위성이 개발되면서부터 지구로 떨어지는 인공우주물체들이 생겨났다. 평균적으로 매년 400개 이상의 인공우주물체가 지구 대기권으로 떨어진다. 그중에서는 대기권에서 다 타서 사라지는 경우도 있고, 타다 남은 잔해가 지표면까지 떨어지는 경우도 있다.

매달 관측되는 인공우주물체의 추락만 해도 수십 개에 달한다. 우주로 나간 물체가 많을수록 지구로 돌아오는 물체도 많아지는 것이 당연하다. 팰컨 9의 발사는 두 달에 한 번꼴로 이뤄질 만큼 흔한 일이 되었다. 매달 예닐곱 번의 우주발사체가 발사되는데, 한 번 발사할 때마다 수십 개의 발사체 잔해물이 생긴다. 인공위성과 우주 쓰레기는 지구로 계속 떨어지고 있고, 그 수와 무게도 계속 증가하고 있다. 그러니 앞으로도 밤하늘을 빠르게 가로지르는 물체를 볼 기회가 자주 있을 것이다.

최근에는 지상의 감시카메라, 차량의 블랙박스, 핸드폰 카

우주 쓰레기가 온다

메라 등 여러 매체를 통해 하늘에서 일어나는 일들이 관측되고 그 영상들이 빠르게 공유된다. 하늘에서 빛이 떨어지는 모습을 직접 찍은 영상을 SNS에 올려 이것이 유성인지 로켓의 잔해인지 확인받기도 한다.

밤하늘을 찍다 보면 밤하늘을 가로지르는 밝은 선들이 찍히는 경우가 있다. 유성을 찍었다고 생각하기 쉬운데 대부분은 인공위성이 지나간 궤적을 찍은 것이다. 밤하늘을 가로지르는 빛나는 선이 유성인지 인공위성인지 구분하려면 선의 시작과 끝을 확인하면 된다. 유성은 지구로 진입하며 대기의 마찰열로 산화되기 때문에 시작과 끝이 모두 뾰족해 보이고 밝기도 다르다. 반면에 인공위성은 시작과 끝의 밝기가 항상 일정하게 찍힌다.

과거에는 이런 사진을 찍으면 유에프오 소동이 일어났을지도 모르겠다. 하지만 이제는 언제든 하늘에서 인공우주물체가 빛을 내뿜으며 낙하하는 모습을 포착할 수 있게 되었고, 그것이 바로 인류가 우주로 발사한 인공위성과 그 잔해들이라는 것을 알 수 있다.

오늘날에는 우주로부터 떨어지는 자연우주물체의 위험에 더해 인류가 우주로 보낸 인공우주물체의 추락까지 신경 써야 한다. 어쩌면 앞으로는 인공우주물체가 지구로 추락하는 일이 자연우주물체가 지구 대기권을 통과하는 것보다 더 자주 발생할지도 모른다. 별빛만 보이던 밤하늘에 이제는 인공위성도 반짝이고 있다. 오늘 밤 하늘에서 반짝이는 것이 별인지 인공위성인지 생각해보자. 하늘에서 밝은 빛을 내며 떨어지는 무언가를 보았다면 우리는 그것을 더 이상 별똥별이라 생각해선 안 된다. 그것은 유성일 수도 있고 인공위성일 수도 있다.

인공위성의 최후, 떨어지거나 버려지거나

인간이 만든 제품은 모두 수명이 있다. 인공위성도 설계할 때부터 임무 수명을 계획한다. 인공위성은 우주환경에서 정상적으로 작동해야 하므로 작은 부품 하나하나까지 시간이 지남에 따라 성능이 얼마나 저하되는지를 파악해야 한다.

인공위성의 임무 수명은 연료량과 배터리가 좌우한다고 할 수 있다. 위성이 머무는 고도에서는 태양전지판으로 전력을 공급받아 배터리를 충전하고, 태양이 보이지 않는 곳에서는 배터리를 사용해 전력을 공급받는다. 배터리가 충전과 방전을 통해 위성에 전력을 공급해주므로 인공위성이 우주환경의 큰 온도 변화에도 각 부품이 적절한 온도를 유지해 잘 작동하도록 열 제어를 할 수 있는 것이다. 추력기의 성능도 인공위성의 임무 수명을 좌우하는 요인이다. 궤도 위에서 위치를 유지하거나 임무를 수행하기 위해 자세를 변경할 때 추력기가 필요하다. 부품이 하나라도 고장 나거나 인공위성에 탑재된 소프트웨어에 오류가 발생해 지상과의 통신이 두절되면 임무 수명을 다하지 못한 채 우주쓰레기가 된다.

행성 간 탐사 위성은 태양 빛이 닿지 않는 곳에서도 작동해야 하므로 플루토늄과 같은 핵 전지를 탑재하여 임무를 수행한다. 가장 멀리, 가장 오래 작동하고 있는 태양계 우주탐사선 보이저 1호Voyager 1는 1977년 9월 5일에 발사되었는데, 예상 수명을 훨씬 뛰어넘어 현재까지도 잘 작동하고 있다. 보이저 1호는 2030년까지 지구와 통신이 가능할 것이라 예상된다.

보통 저궤도 위성은 임무 수명을 3~7년으로 계획한다. 물론 임무 수명도 인공위성을 어떻게 운영하는지에 따라 달라진다. 계획한 임무 수명보다 더 장수하기도 하고, 원래 임무 수명보다 일찍 정지하기도 한다.

저궤도에서는 탑재한 연료량보다는 태양전지판과 배터리의 성능이 임무 수명에 더 큰 영향을 미친다. 배터리가 얼마나 많이 충·방전을 할 수 있는지, 태양전지판이 우주환경에서 성능을 얼마나 잘 유지할 수 있는지가 관건이다. 최근에는 태양전지와 배터리의 수명이 15년 정도로 늘어나 설계 수명보다 더 길게 임무를 수행하는 위성들이 많아지고 있다. 정찰위성과 같이 고도가 낮은 궤도에서 비행하거나 궤도를 자주 변경하는 경우에는 임무 수명이 더 짧아질 수 있다.

인공위성의 수명을 연장하기 위해 고장 난 인공위성을 우주에서 수리하는 경우도 있다. 물론 이때도 수리하기 위해 우주로 나가는 위성이 필요하다. 이 위성은 우주에서 다른 위성의 고장 난 부품을 교체하거나 연료를 재보급하거나 프로그램을 업그레이드하는 서비스 임무를 맡는다. 1990년 4월 24일에 발사된 허블우주망원경Hubble Space Telescope은 우주왕복선을 이용해 우주인들이 직접 가서 수리를 하기도 했다. 허블우주망원경은 처음에 예상했던 임무 수명인 10년을 훌쩍 넘긴 채 2030~2040년까지 사용할 수 있을 것이라 예상된다.

정지궤도 위성은 지구에서 멀리 보내는 만큼 수명도 15~20년까지 가능하도록 설계한다. 정지궤도 위성 대부분은 궤도 유지를 위해 연료를 사용하는데, 얼마나 많은 양의 연료를 싣고 있는가에 따라 수명이 결정된다. 1995년 8월 5일 발사된 한국의 첫 정지궤도 통신방송위성 무궁화 1호는 발사할 때 보조 로켓 중 하나가 분리되지 않으면서 정지궤도까지 올라가는 과정에 연료를 많이 소모하는 바람에 임무 수명이 반으로 줄었다. 무궁화 1호는 정상적인 통신방송 중계 임무를 4년 3개월간 수행하고, 이후 6년간은 프랑스의 통신업체에 임대되어 무궁화 2호가 발사될 때까지 궤도 확보용으로 사용되었다. 2005년 12월 13일에 마지막 연료를 사용해 정지궤도 밖으로 밀려나면서 2005년 12월 16일에 최종 임무를 마치고 무궁화 2호에게 자리를 물려주었다.

우주개발이 늘어나고 우주로 발사되는 인공위성이 많아질수록 임무를 마치고 버려지는 인공위성도 늘어난다. 특히 저궤도와 정지궤도 영역 같은 지구 주변의 특정한 영역들은 더 많은 위성이 모이고 있고, 버려진 우주 쓰레기들도 많아져 점점 더 혼잡해지고 있다. 만약 임무를 마친 인공위성이 그 자리를 지키고 있다면 지구 궤도는 점점 더 포화 상태가 될 것이고, 운용 중인 인공위성과의 충돌 위험도 증가할 수밖에 없을 것이다. 결국 인류의 발전을 위한 우주 활동에 커다란 장애 요소가 될 것이다.

수천억 원이 들어간 인공위성이 우주 쓰레기로 인해 기능이 저하되거나 상실된다면 우주 쓰레기 문제를 해결하는 것보다 더 큰 비용을 치러야 할 수도 있다. 그러므로 다 쓴 인공위성은 지구로 떨어뜨려 대기권에서 연소시키거나 사용하지 않는 우주공간으로 옮겨 운용 중인 인공위성들이 안전하게 활동할 수 있도록 해야 한다. 지구로 재진입시킬 때도 대기권에서 타다 남은 잔해가 포인트 니모와 같은 안전한 장소로 떨어질 수 있도록 잘 조정해야 한다. 우주 쓰레기가 지상으로 떨어져 인명이나 재산에 손해를 입히는 것도 우주 활동에 큰 위험 요소이기 때문이다. 결국 인공위성의 최후를 설계하는 방법은 지구로 떨어뜨리거나 안전한 공간으로 옮기는 것뿐이다.

우주 쓰레기를 떨어뜨리는 힘

지구 궤도를 떠다니는 우주 쓰레기의 궤도 수명은 중력과 대기의 섭동력, 물체의 크기, 태양 활동에 의한 대기의 영향 등에 좌우된다.

　우주는 무중력zero gravity 상태가 아니다. 우주 공간에 있는 모든 물체 사이에는 서로 당기는 만유인력이 존재한다. 만유인력의 법칙에 따르면 지구에 작용하고 있는 인력인 중력은 질량에 비례하고, 속도의 자승에 반비례한다. 결국 무중력이 되려면 질량이 0이거나 물체 간의 거리가 무한대인 경우에만 가능한 것이다. 우주 공간에서의 무중력gravity free 상태라는 것은 일정 속도로 도는 물체의 원심력이 지구의 중력과 평형을 이루어 서로의 힘이 상쇄되어 결과적으로 중력을 느끼지 못하는 상태를 말한다. 인공위성이 지구로 떨어지지 않고 돌 수 있는 이유가 바로 지구의 중력과 인공위성의 원심력이 평형을 이루면서 일정한 궤도를 따라 도는 무중력 상태이기 때문이다. 중력이 작용하지만 상쇄되어 느끼지 못하는 상태, 즉 겉보기 중력이 0이 되는 무중력 상태인 것이다.

그런데 인공위성이 지구 중력과 평형을 이룰 수 있는 속도를 내지 못한다면 어떻게 될까? 산꼭대기에서 던진 공처럼 지상으로 떨어지고 말 것이다. 지구의 중력은 고도가 높을수록 약해지지만, 중력은 아무리 고도가 높아도 미약하게나마 작용한다. 그렇기 때문에 가만히 있는 물체는 결국 지구로 떨어지고 만다. 그러니 떨어지지 않기 위해서 중력이 센 고도에서는 빨리 회전하고, 중력이 약한 높은 고도에서는 천천히 회전하며 궤도를 유지해야 한다. 그런데 또 이러한 회전 속도를 줄이는 힘이 있다. 바로 대기이다.

고도가 높을수록 대기는 줄어들지만 대략 고도 1500킬로미터까지는 대기가 희박하게나마 존재한다. 즉 고도가 낮은 저궤도 인공위성은 대기와의 마찰과 지구 중력의 영향을 크게 받는다. 그렇기 때문에 임의의 궤도 조정이 없다면 시간이 지나면서 자연스레 속도를 잃어 서서히 지구로 떨어질 수밖에 없다.

태양의 활동도 인공위성의 궤도 수명에 영향을 미친다. 태양 활동이 활발해지는 극대기solar maximum에는 우주 쓰레기가 지상으로 떨어지는 양이 증가하는 경향을 보인다. 태양 표면의 활동으로 인해 흑점이 많아져 태양 플레어solar flare라는 대폭발이 일어나는데, 수소폭탄 100만 개가 동시에 폭발하는 정도의 에너지를 내뿜는다. 이러한 고에너지 입자들이 플라스마 상태로 존재하는데 강한 태양열로 인해 초속 500킬로미터에 가까운 속도로 태양풍이 분출된다. 이러한 태양풍의 발생은 태양 흑점 주기와 밀접한 관련이 있다. 태양 흑점 주기는 11년으로 극대기가 7년, 극소기가 4년 정도이다. 다행히 지구는 지구 전체를 감싸고 있는 자기권 덕분에 평소에는 태양풍이 지표면으로 내려오지 못한다. 하지만 태양 활동 극대기에는 태양풍이 평소보다 더 빠른 속도로 움직이는 '태양 폭풍'이 발생하는데, 이때는 태양풍이 지표면까지 도달해 전자장비에 피해를 입히기도 한다. 그러니 지구 궤도에 있는 인공위성들은 태양풍에 피해를 입을 수밖에 없다.

고도 1000킬로미터 이상에 있는 우주 쓰레기는 보통 1000년 이상 그 궤도를 떠다닐 수 있다. 우주 쓰레기가 된 인공위성이 1000년 이상 떨어지지 않는다고 하면 뭔가 안심이 되는 것 같다. 하지만 우주 쓰레기가 1000년 동안 그 자리를 차지하고 다른 위성들은 그것을 피해 다녀야 한다고 생각하면 그리 반가운 얘기는 아니다. 고도 3만 5786킬로미터의 정지궤도 위성들은 달처럼 지구의 영원한 위성으로 남게 될 수도 있다. 정지궤도 위성을 처리하는 방법은 정지궤도보다 조금 높거나 낮은 곳에 있는 폐기

　　　　　　　　우주 쓰레기가 온다

궤도로 옮기는 것뿐이다.

　고도 700킬로미터에 있는 저궤도 위성의 궤도 수명은 100년 이상이다. 고도 500킬로미터에서는 25년 전후로 대기권에 진입하며 수명을 마친다. 발사된 인공위성이 가장 많이 사용하고 있는 궤도인 1000킬로미터 이내의 저궤도에는 전체 인공위성의 약 70퍼센트가 머물고 있다. 버려진 우주 쓰레기들도 이 고도에 가장 많이 존재한다. 만약 고도가 250킬로미터 이내로 떨어진다면 그 인공위성은 수일 내로 지상으로 추락한다. 보통 고도 120킬로미터까지는 케플러 궤도 운동[13]의 특성을 유지하지만, 그 이내에서는 탄도 비행[14]처럼 떨어지기 때문에 대기와의 마찰로 인해 온도가 상승하고 대기 항력의 영향으로 인공위성이 분해되는 현상이 일어난다. 고도 78킬로미터에서는 파손이 일어나면서 여러 개의 파편으로 분산된다. 지구로 떨어지는 인공위성의 궤도를 예측할 때 가장 분석하기 어려운 지점이기도 하다. 이때부터는 거의 30분 이내에 지상으로 떨어진다.

13　지구를 중심으로 도는 인공우주물체의 운동에 작용하는 다양한 요소 가운데 가장 큰 영향을 미치는 지구의 중력만을 고려한 특수한 경우를 말한다.

14　로켓이 분사를 멈춘 다음 보통의 포탄처럼 탄도를 그리며 대기권에서 하강하는 비행 궤적을 말한다.

인공위성이 지구로 떨어진다면?

인공우주물체는 거의 매일 지구로 떨어지고 있다. 1957년 이후 확인된 추락 기록으로만 보면 매년 400개 이상이 지상으로 떨어진다. 지금도 추락하는 인공우주물체가 우리 머리 위를 지나가고 있을지도 모른다.

문제는 1톤 이상의 무게를 지닌 인공위성이나 우주 쓰레기가 지구 대기권으로 진입하는 경우, 분해과정에서 여러 조각의 파편으로 부서지거나 폭발하는데, 이때 일부 파편이 대기권에서 전소되지 않고 지상으로 떨어지게 된다는 것이다. 전체 무게의 10~40퍼센트가량이 지표면에 도달하는데, 만약 이 파편들이 사람이 살고 있는 밀집 지역에 떨어진다면 인명과 재산 피해뿐만 아니라 사회적 재난이 일어날 수도 있다.

대기권으로 재진입한 우주 파편이 떨어지는 속도는 대략 시속 30~300킬로미터인데, 크기에 비해 무게가 무거운 파편일수록 추락 속도가 빨라 실제로 사람이 맞는다면 치명적인 피해를 입을 수 있다.

1962년 9월 5일 스푸트니크 4호가 대기권에 재진입했고, 미국 위스콘신주 매니터웍Manitowoc 도심 사거리에 작은 황동 링이 떨어졌다. 이것이 최초로 기록된 인공우주물체의 지구 재진입으로 인한 피해 사례이다.

인공위성의 추락 위험을 가장 확실하게 알린 사건은 코스모스 954호의 추락이다. 코스모스 954호는 1977년 소련에서 발사된 강력한 능동형 레이더 시스템을 갖춘 정찰위성이었다. 이 위성은 능동형 레이더 시스템을 작동시키기 위해 핵반응로를 탑재했고, 정찰위성으로서 더 은밀히 임무를 수행하기 위해 태양전지판도 없이 스파이 임무를 수행했다. 그런데 1977년 코스모스 954호의 핵반응로에 이상이 발생했고, 더 이상 제어가 되지 않는 상태에 이르렀다. 당시 소련은 비밀 회담을 열어 코스모스 954호의 추락 예측 지점을 미국과 캐나다에 알리면서 핵연료의 안전한 처리에 실패했음을 인정했다. 결국 코스모스 954호는 1978년 1월 24일 캐나다 서부 북동쪽으로 재진입했고, 그레이트 슬레이브 호수Great Slave Lake에서 100여 개의 파편이 발견되었다. 파편들 중에는 상당히 큰 구조체도 포함되어 있었다.

다행히 인구가 밀집된 지역은 아니었지만, 핵반응로 때문에 큰 피해가 발생했다. 캐나다 상공의 대기에 방사능물질인 우라늄-235가 살포되는 최악의 사고가 발생한 것이다. 추락 지점 일대인 그레이트 슬레이브 호수와 베이커 호수Baker Lake 사이의 370마일에 이르는 토지뿐만 아니라 그 지역에 거주하는 사람들 또한 방사능에 오염되었다. 캐나다 정부는 1만여 명의 사람이 방사능 피해를 입었다고 주장하며 소련 정부에 약 600만 달러의 보상을 요구했다. 하지만 소련 정부는 절반인 300만 달러만을 보상했다고 알려져 있다.

코스모스 954호처럼 인공우주물체로 인해 피해를 입으면 그 물체를 쏘아 올린 국가에 손해 배상을 요구할 수 있다. 유엔의 '우주물체로 인한 손해 국제 책임협약'에 따라 자국의 우주 활동에 대해서는 국가 자체의 활동으로 보고 해당 국가가 직접 국제적인 책임을 져야 한다.

이후 캐나다 정부는 방사능물질을 회수하는 '아침햇살 작전Operation Morning Light'에 착수해 피해를 줄이기 위해 노력했다. 캐나다와 미국의 합동 팀이 1978년 10월 15일까지 약 12만 4000제곱킬로미터에 이르는 피해 범위에 있는 100개의 파편을 회수했다. 이때 회수된 파편 가운데 두 조각을 제외하고는 모두 방사능에 오염되어 있었다. 한 조각은 몇 시간만 접촉하고 있어도 사람을 죽음에 이르게 하는 치명적인 방사능 수치가 나오기도 했다.

코스모스 954호의 추락 이후 지구촌을 다시 한번 긴장하게 했던 사건이 있다. 핵연료를 적재한 소련의 첩보위성 코스모스 1402호가 운행 중 고장으로 지구 궤도를 벗어나 추락한 것이다. 코스모스 1402호의 추락은 한국이 공식적으로 인공위성 추락 상황을 감시한 첫 사건이었다. 당시 한국은 과학기술처가 위성추락상황대책반을 마련하고 미국이 공개하는 인공위성의 추락 예상 지점을 분석해 추락 위험 대책을 세우는 등 국민의 안전을 위해 대응했다.

1983년 1월 24일 오전 7시 21분 코스모스 1402호는 인도에서 동남쪽으로 떨어진 인도양 상공으로 추락했다. 이 사건은 한국이 자국의 우주개발 활동과 전혀 상관없는 타국의 인공위성 추락으로도 국가와 국민의 안전이 위험에 노출될 수 있다는 것을 깨달은 사건이었다. 인공우주물체가 지구로 떨어지는 것에 대한 대비와 대응이 필요한 이유이다.

지구로 떨어진 우주발사체의 잔해들

수명이 다한 인공위성뿐만 아니라 로켓의 잔해도 빈번히 지구로 떨어진다. 2021년 3월 팰컨 9 로켓의 잔해들이 밤하늘의 별똥별처럼 수십 개의 긴 꼬리를 내며 하늘을 가로지르는 것이 목격되었다. 이후 미국 워싱턴주의 한 농장에서 팰컨 9 로켓의 압력 탱크로 추정되는 1.5미터 길이의 잔해가 발견되었다. 다행히 인적이 없는 농장에 떨어져 피해는 없었고, 잔해는 스페이스 엑스가 회수해 갔다.

중국 창정長征 로켓의 잔해들도 계속해서 추락하고 있다. 2013년 12월에는 중국 장시성江西省의 한 민가에 로켓의 노즐 부분으로 추정되는 부품이 떨어져 창고 지붕에 구멍이 뚫리는 사고가 있었다. 2015년 10월에는 한 주택에 로켓의 페어링 커버가 떨어지기도 했다. 창정 로켓의 주요 부품인 노즐과 엔진의 추락은 계속될 것이다. 지금까지 발사된 창정 로켓의 몸통과 잔해물들은 1600여 개나 되는데, 그중 절반 이상이 아직도 지구 궤도에 남아 있기 때문이다.

미국의 델타 IIDelta II 발사체도 1989년부터 지금까지 수많은 우주선과 인공위성을 우주로 쏘아 올리는 데 사용되었다. 많은 위성을 발사하는 데 사용된 만큼 통제가 불가능할 정도로 많은 우주 파편이 지구 궤도에 남았고, 그 파편들이 계속 지상으로 떨어지고 있다.

인공위성을 쏘아 올리기 위한 목적으로 발사되는 우주발사체는 지구의 중력을 이겨내고 대기권을 벗어날 수 있어야 한다. 우주발사체가 위성을 싣고 대기권 밖, 최소 고도 100킬로미터 이상으로 올라간 다음 지표면에 수평 방향으로 최소한 초기 속도 초속 7.9킬로미터 정도로 분사해 띄우면 인공위성은 궤도를 돌며 제 역할을 하게 된다. 물론 고도가 높아지면 중력이 감소

우주 쓰레기가 온다

하므로 초기 속도는 점차 감소한다. 중력과 원심력이 서로 균형을 이룰 수 있게 하는 초기 속도 초속 7.9킬로미터를 제1우주속도라고 한다. 간단하게 중력가속도 $9.8^m\!/\!s^2$와 지구 중심으로부터의 거리, 지구 반지름과의 곱을 제곱근한 것이 인공위성의 속도가 된다. 고도가 0일 때 인공위성이 원형궤도를 유지하는 데 필요한 속도가 초속 7.9킬로미터인 셈이다.

그런데 실제로는 이렇게 빠른 속도로 한 번에 인공위성을 발사하는 것은 불가능하다. 그래서 우주발사체는 여러 번의 추력을 이용한 다단 로켓을 사용한다. 고도가 올라갈수록 중력의 영향이 작아지니 높은 고도에서는 필요한 속도가 줄어 적은 추력으로도 인공위성을 제 고도에 올릴 수 있다.

우주발사체는 엔진과 노즐, 연료 탱크, 산화제 탱크, 보조 연료통인 부스터, 인공위성과 결합된 최상단 연결부 그리고 인공위성을 보호하는 페어링 등으로 구성된다. 최근 스페이스 엑스가 재사용이 가능한 우주발사체를 개발하긴 했지만, 대부분의 우주발사체는 인공위성을 우주로 보내는 임무를 마치면 모두 버려진다. 특히 1단의 연료탱크, 엔진 노즐, 부스터 등은 발사 후 짧은 시간 안에 분리되므로 분리되는 고도가 지상에서 굉장히 가깝다. 따라서 하단의 발사체 부품들은 대부분 지상에 추락하게 된다.

우주발사체의 부품들이 지상으로 떨어지면 피해를 줄 수 있기 때문에 미국의 케네디우주센터, 반덴버그 공군기지, 일본의 다네가시마우주센터 등 대부분의 발사장이 바다 근처에 있다. 한국의 나로우주센터도 마찬가지이다. 한국과 주변국들의 안전을 고려하여 발사장의 위치를 정하는 것이다. 발사장을 내륙에 설치하면 발사체에서 분리된 단이 사람 사는 지역에 떨어져 인명 피해가 발생할 수 있다.

내륙에 설치된 발사장들도 있다. 특성상 우주발사체 잔해가 사람이 사는 곳으로 떨어질 확률이 굉장히 높은데, 실제로 이런 피해 사례들이 보고되고 있다. 중국의 시창우주센터에서 인텔샛 708Intelsat 708 위성을 쏘아 올리기 위한 창정 3B 로켓이 발사되었는데, 발사 직후 로켓이 옆으로 기울어 날아가는 바람에 발사장 근처의 마을에 추락하는 사고가 발생했다. 결국 많은 사람이 다치고 사망했다.

거대한 로켓의 잔해가 하늘에서 떨어지면 피할 시간은 거의 없다. 몸은 안전하게 피한다 해도 재산 피해는 막을 수 없다. 특히 인체에 굉장히 유해한 연료가 쓰인 로켓이라면 그 잔해에서 유독가스가 나올 수 있다. 그러므로 혹시라도 우주물체의 잔해를 발견한다면 즉시 119에 신고하고 절대 가까이 가서는 안된다.

거대 우주물체, 우주정거장의 추락

지구 궤도에 있는 인공우주물체 가운데 가장 규모가 큰 것은 바로 우주정거장이다. 현재 가장 대표적인 우주정거장은 국제우주정거장이다. 국제우주정거장은 미국과 러시아를 비롯한 세계 각국이 참여하여 1998년에 건설이 시작되었다. 지상에서 육안으로 보일 만큼 크기가 큰데, 부피는 약 1000세제곱미터, 무게는 약 400톤에 이르고, 구조물 길이는 약 108미터, 모듈 길이는 73미터에 이른다. 이 거대한 구조물이 고도 420킬로미터에서 시속 약 2만 7000킬로미터의 속도로 지구를 매일 15.5바퀴 돌고 있는 것이다. 국제우주정거장도 고도를 유지하기 위해 정기적으로 고도를 상승시켜 궤도를 유지하며 운용되고 있고, 우주선이 방문할 때마다 연료를 공급받고 있다. 국제우주정거장은 2024년까지 정상 운영을 할 계획이지만 2028년까지 임무 수명을 늘려도 문제없을 것으로 알려졌다. 물론 언젠가는 국제우주정거장도 노후되어 운영을 중단하고 지구로 재진입시켜야 할 것이다.

가장 완벽한 시나리오는 국제우주정거장을 통제 가능한 상태에서 대기권으로 재진입시켜 태평양 한가운데에 안전하게 착륙시키는 것이다. 그렇게 되면 모두가 예측 가능한 상태에서 국제우주정거장의 아름다운 퇴장을 지켜볼 수 있다. 가장 우려되는 사태는 국제우주정거장이 통제 불가능한 상태로 지구로 떨어지는 것이다. 최악의 시나리오는 국제우주정거장의 잔해가 인구 밀집 지역에 떨어져 피해가 발생하는 경우일 것이다. 지금부터라도 국제우주정거장의 마지막 임무, 즉 지구로의 안전한 은퇴를 최선의 시나리오로 진행할 수 있도록 준비해야 한다. 만약 아무런 대책 없이 400톤의 물체가 우주에서 지구로 떨어진다면 끔찍한 피해가 발생할 수도 있다.

대부분의 우주정거장은 인명과 재산 피해가 발생하지 않도록 재진입 경로를 계산해 적절히 제어하여 지구 대기권으로 안전하게 진입시킨다. 우주정거장이나 우주왕복선과 같이 상대적으로 크기가 크고 추력기가 많이 장착되어 있으면 제어가 더 용이하다.

제어를 통해 안전하게 추락한 우주정거장이 실제로 있다. 미국 최초의 우주정거장 스카이랩Skylab은 임무를 종료한 후 처음 예상한 시점보다 빠른 1979년 7월 11일에 재진입이 일어났다. 1973년 5월 14일 케네디우주센터에서 아폴로 계획에 사용되었던 새턴 VSaturn V 로켓을 이용해 우주로 쏘아 올려진 스카이랩은 우주인이 체류하는 본격적인 우주실험실로 사용되었다. 1959년 베른헤르 폰 브라운 박사가 구상한 호라이즌 프로젝트Project Horizon[15] 중 일부를 실현한 것이다. 세 명의 우주선이 탑승한 아폴로 우주선이 세 번 발사되어 스카이랩에서 총 171일 13시간 동안 우주인이 체류했다. 중력의 영향을 실험하기 위한 장치와 태양을 관측하기 위한 장비들을 가지고 올라가 여덟 종류의 태양 관측을 포함해 2000시간의 과학 실험을 수행하기도 했다. 특히 태양의 코로나 홀corona hole[16]도 스카이랩에서 관측해 발견되었다. 초기에는 태양전지판에 이상이 생겨 우주인이 우주 공간에서 수리 작업을 하기도 했는데, 덕분에 인간의 무중력 생활에 대한 많은 실험이 이루어졌다.

정상 임무를 종료한 후 우주에 남겨진 스카이랩은 태양 활동의 영향을 받아 예상 시점보다 빠르게 재진입이 진행되었다. 태양 활동이 활발해져 지구 대기가 따뜻해지면서 대기권이 팽창했고 그로 인해 우주선에 발생하는 공기저항이 증가하면서 갑작스러운 고도 급강하가 발생한 것이다. 당시 인명 사고가 발생할 확률도 예측되었는데, 다행히 미국항공우주국 관제팀이 스카이랩과 교신에 성공하면서 통제 가능한 상태로 바다에 떨어지도록

---

15   베른헤르 폰 브라운 박사가 미국 육군에 제출한 계획으로 달에 과학·군사 기지를 건설할 수 있는지를 판단하기 위한 연구 계획이었다. 스카이랩은 호라이즌 프로젝트의 내용 중 일부를 계승·발전시켜 실현한 결과이다.

16   태양의 코로나가 평균보다 어둡고 차가우며 더 낮은 밀도의 플라스마를 지니는 영역으로, 태양풍이 불기 시작하는 장소이기도 하다.

조정할 수 있었다.

스카이랩의 파편 중 상당수는 오스트레일리아 서부 지역의 도시 퍼스Perth 부근으로 낙하했다. 오스트레일리아 정부는 스카이랩의 파편이 떨어진 것을 쓰레기 불법 투기로 보고 미국 정부 측에 벌금 400달러를 청구했으나 아직 지불되지는 않았다고 한다.

인류 최초의 우주정거장을 탄생시킨 살류트Salyut는 달 착륙 경쟁에서 미국에게 패배한 소련이 우주정거장으로 눈길을 돌려 계획한 프로그램이다. 1971년부터 1986년까지 진행되었는데, 네 대의 우주정거장과 두 대의 정찰위성으로 구성되었다. 당시에는 우주에서 인간이 체류할 수 있다는 확신이 없었다. 그럼에도 세 명의 우주비행사를 태운 소유즈 11호가 살류트 1호에 진입하는 데 성공했고, 그곳에서 22일 동안 지구를 관측하고 식물을 배양하는 등의 연구를 수행한 것이다.

한국에 〈스테이션 7〉이라는 이름으로 소개된 영화가 있다. 제어 불가능한 우주정거장에 도킹해서 그곳을 수리하고 무사히 귀환하는 우주비행사들의 이야기를 담은 영화인데, 영화의 원제는 '살류트 7Salyut 7'이다. 소련의 살류트 프로그램의 마지막 우주정거장이었던 살류트 7호의 실제 사례를 바탕으로 만든 영화인 것이다.

당시에는 미국과 소련의 우주 경쟁이 첨예하던 시기였다.

버려진 우주정거장이 상대 국가로 넘어가는 것을 막기 위해서라도 고장 난 우주정거장을 그대로 둘 수는 없었다. 수리를 해서라도 원하는 장소로 떨어뜨려야만 했던 것이다. 결국 1971년 10월 11일 살류트 7은 지구 대기권 재진입에 성공해 태평양 상공으로 떨어졌다.

국제우주정거장 이전에 가장 유명했던 우주정거장은 1986년 건설된 살류트 8호, 즉 미르 우주정거장이다. 2001년까지 15년 동안 지구 궤도를 돌며 104명의 우주인을 태웠던 미르 우주정거장은 10년에 걸쳐 총 여섯 개의 모듈을 우주에서 조립하는 데 성공한다. 전체 무게 154톤의 거대한 우주정거장이었던 미르는 약 7년간 미국과 러시아가 합작해 운영하며 우주 연구 역사에 한 획을 그은 성공적인 우주정거장으로 남았다. 중력, 생명과학, 우주와 지구 관측 등 15년 간 임무를 수행한 후 노후화와 잦은 사고에 러시아의 재정 악화까지 겹쳐 2000년 말 폐기가 결정되었다.

미르의 지구 재진입은 세계가 긴장할 수밖에 없었다. 여러 개의 모듈이 결합하여 이루어진 거대한 구조체여서 재진입 과정에서 공기와의 마찰로 일부가 녹는다고 하더라도 지상에 떨어지는 잔해들이 생길 것이었기 때문이다. 러시아 측에서도 미르의 낙하로 인한 피해가 발생하지 않도록 뉴질랜드 동쪽 공해상으로 재진입을 수행하면서 만약의 사태에 대비했다. 한국도 혹시라도 모를 피해에 대비해 미르추락상황반을 운영하며 미르 우주정거장의 재진입 궤도를 주시했다. 2001년 3월 23일 대기권으로 재진입한 미르는 거대한 불꽃을 일으키며 전체 무게의 약 20퍼센트인 20톤 가까운 파편을 피지의 난디Nadi 근처 남태평양에 뿌렸다.

우주정거장처럼 거대한 인공구조물을 발사해 우주에서 조립하는 것도 대단한 기술이지만, 지구의 바다로 안전하게 잘 추락시키는 것도 매우 고도의 기술을 요한다. 대기권으로 진입할 때의 궤도를 예측하고, 공기와의 마찰로 인한 영향을 정확하게 예측해야만 안전한 장소에 떨어뜨릴 수 있기 때문이다.

인공우주물체가 통제 가능한 상태라면 인류는 운영을 통해 안전하게 지구로 재진입시킬 수 있는 기술을 확보하고 있다. 그러나 고장이 났거나 자연적으로 낙하하는 인공우주물체의 경우에는 제어가 불가능하기 때문에 언제 어디로 떨어질지를 예측하는 것이 쉽지 않다. 통제 불가능한 거대 인공우주물체의 추락은 여전히 인류를 위협하는 우주위험으로 남아 있다.

실제로 중국의 첫 실험용 우주정거장 텐궁 1호가 통제 불가능한 상태로 지구로 재진입했다. 영화 〈그래비티〉에서 우주 쓰레기와의 충돌로 우주에서 조난을 당한 주인공이 가까스로 지구로 돌아올 수 있게 해준 선저우神舟 우주선이 있었던 곳이 바로 중국의 우주정거장 톈궁이다. 2011년 9월 주취안위성발사센터에서 중국 창정 2F 발사체에 실려 발사된 톈궁 1호는 우주정거장 건설에 필요한 기술을 테스트하기 위한 목적으로 만들어졌다. 길이 10.4미터, 직경 3.35미터, 무게 8.5톤의 버스 크기만 한 우주실험실로, 우주에 있는 동안 무인 인공위성과의 도킹, 우주인 체류 실험 등을 수행했다.

원래는 설계 수명이 2년이라 무인 우주선 선저우 8호와 9호 그리고 10호가 마지막으로 2013년 6월에 귀환한 뒤 주요 임무를 모두 마친 상태였다. 그 뒤에도 지속적인 관리로 수명을 3년 가까이 연장했는데, 무리하게 수명을 늘리다가 2016년 3월부터 통신이 두절되어 통제가 되지 않는 상태에 이른 것이었다.

톈궁 1호는 고도 340~380킬로미터에서 주로 머물렀는데, 이 고도에서는 대기와의 미세한 마찰만으로도 감속이 되므로 가끔씩 추진기를 써서 고도를 올려 궤도를 유지해주어야 한다. 그런데 2016년 1월 마지막으로 고도를 올린 뒤부터는 계속해서 고도가 하강했는데, 이 사실을 전 세계가 알게 되면서 중국이 톈궁 1호에 대한 통제권을 상실한 것이 드러났다. 중국도 통제 불가능한 우주정거장이 추락한다는 사실을 인정하고, 2016년 6월 유엔에 이를 공식적으로 알렸다. 전 세계는 톈궁 1호의 추락 상황을 예의 주시할 수밖에 없었다.

텐궁 1호가 통제력을 상실한 뒤부터 추락 예측 시간과 위치에 대한 분석이 시작되었다. 특히 텐궁 1호에는 피부와 호흡기를 손상시키는 독성이 강한 로켓 연료 하이드라진hydrazine[17]이 있을 것으로 추정되면서 전 세계가 더욱 촉각을 곤두세웠다. 텐궁 1호의 궤도경사각은 42.8도로 남위 42.8도에서 북위 42.8도 사이의 전 지역이 텐궁 1호의 추락 예측 범위에 포함되었다. 추락 예측 궤적에 한국이 포함되면서 한국도 텐궁 1호의 추락 상황에 대비하기 위해 24시간 추락상황실을 운영했다. 당시 텐궁 1호의 추락 상황은 뒤에서 좀 더 자세히 전하고자 한다.

인공위성이 한국에 떨어질 확률

인공위성이나 우주정거장이 지구로 떨어진다는 뉴스가 뜨면 가장 많이 받는 질문이 바로 한국에도 떨어질 확률이 있느냐이다. 결국 내가 사는 곳에 떨어질지 안 떨어질지가 최대 관심사가 되

---

17   암모니아와 비슷한 냄새가 나는 가연성 액체 화합물. 제2차 세계대전 중 독일군이 로켓 추진제로 사용하면서 그 효용성이 주목받았다. 오늘날 고농도의 과산화수소 연료와 함께 로켓에서 가장 많이 쓰이는 연료이다.

우주 쓰레기가 온다

는 게 당연할 것이다.

　인공위성 중에서도 무게가 1톤이 넘거나 열에 잘 타지 않는 재질로 만들어진 것이라면 대기권을 지나 지상으로 떨어지는 파편들이 남게 된다. 작은 파편이라도 한국으로 떨어질 가능성이 있다면 잠시라도 우주 파편을 피해 집이나 건물 안에 머물도록 긴급 안내를 해야 한다.

　대기권에서 인공위성이 분해되면서 발생하는 파편들은 지상에 자유낙하 운동으로 떨어지므로 대기 저항으로 인해 속도가 느려진다. 인공위성의 무게가 1톤보다 작다면 그 파편은 크기가 크지 않고 충돌 속도 또한 느려 큰 위험이 되지 않을 수 있다. 하지만 우주정거장과 같이 수 톤의 무게가 나가는 우주물체가 지구로 추락한다면 그 물체가 어디로 떨어질지를 더욱 예의 주시해야 한다. 그 물체의 질량, 부품들의 재질, 어떤 궤도로 대기권을 지나갈지를 연관 지어 분석해야만 정확한 추락 예측이 가능하다. 만약 위험한 물질을 포함하고 있거나 방사능에 오염되었다면 추락 위험 범위를 더 넓게 잡아야 할 수도 있다. 최종적으로 대기권을 뚫고 남은 파편들이 떨어지는 예측 시각과 위치 그리고 그에 대한 오차 범위를 고려해서 그 범위에 한국이 포함되는지 여부를 파악하고, 한국에 떨어질 확률을 계산한다.

　우주물체 추락 분석에서 가장 중요한 부분은 인공우주물체의 진행 방향에 대한 오차이다. 우주물체의 추락을 분석할 때는 고도 100킬로미터를 통과할 때의 궤도를 예측하는데, 예측 시점에 따라 오차 범위가 달라진다. 보통 일주일 전에 예측하면 오차 범위가 하루까지 차이가 날 수 있다. 만약 추락이 예측되는 날의 하루 전에 예측을 한다면 최종 궤도의 한 주기, 즉 100분 이내로 오차 범위가 줄어든다. 하지만 대기권을 통과한 후 고도 78킬로미터에서 완전히 분해되어 떨어지는 파편들의 예측 범위는 대기권 진입 시점의 진행 방향으로 거의 2000~3000킬로미터 범위, 양옆으로는 70킬로미터까지 퍼진다.

텐궁 1호 또한 추락 2주 전까지만 해도 남위 42.8도와 북위 42.8도 사이의 전 궤도 범위가 모두 추락 위험 지역으로 예측되었다. 그래서 한국에 떨어질 확률도 예측 지역의 총 범위에 대한 한국 영토 넓이의 비로 단순 계산할 수밖에 없었다. 당시에 텐궁 1호가 한국에 떨어질 확률이라고 언급되었던 '3600분의 1'이라는 숫자도 단순히 넓이 비로 계산한 값이었다.

추락 예측 시점이 다가올수록 우주물체가 지나가는 예측 궤적이 줄어들기 때문에 그 영역 대비 한국을 지나가는 궤적의 비로 계산해 오차를 줄일 수 있다. 텐궁 1호의 경우는 추락 열두 시간 전에야 한국이 완전히 추락 예측 범위에서 벗어난 것을 알 수 있었다. 그만큼 통제 불가능한 우주물체의 추락 예측은 쉽지

우주 쓰레기가 온다

않은 일이다. 다행히도 지금까지 몇몇 경우를 제외하고는 통제 불가능한 우주물체도 대부분 바다나 인구가 희박한 지역에 떨어졌다. 하지만 앞으로 우주물체의 지구 재진입은 계속 늘어날 것이다. 고도가 낮아지고 있는 우주물체들에 대한 지속적인 모니터링이 필요하다.

비가 올 확률, 눈이 올 확률, 태풍의 이동 경로 등을 알려주는 기상예보처럼 우주물체의 추락 위험에 대한 예보도 일상화될 날이 곧 올 것이다. 우주물체의 이동 경로, 추락 예측 시점, 한국에 떨어질 확률, 서울에 떨어질 확률 등을 매일 확인하는 것이 하루의 시작이 될지도 모른다. 하늘에서 우주물체가 떨어질 것으로 예측되면 항공기 운항을 멈추고 사람들도 잠시 실내에 머무르게 하는 등의 대피 상황이 수시로 벌어질 수도 있다. 이제 우리는 기상예보를 확인하듯 우주위험에 대한 정보를 확인하며 그에 대응하기 위한 안전 교육을 받아야 하는 날을 앞두고 있다.

우주 쓰레기에 사람이 맞을 확률

우주 쓰레기에 관해 받는 질문 중 두 번째로 많이 받는 질문. "우주 쓰레기에 사람이 맞을 수도 있나요?" 과연 하늘에서 우주 파편이 떨어져 사람이 맞을 확률은 얼마나 될까? 인공위성이나 우주 쓰레기가 대기권에 진입해서 타지 않고 살아남는 양과 추락하는 궤도의 총면적을 통해 계산할 수 있다. 우주 파편과의 충돌로 인해 발생하는 피해는 대기 저항, 무게 그리고 크기에 따라 달라진다. 한국에 사는 사람이 우주 쓰레기에 맞을 확률은 한국이 추락 예측 궤도에 들어와 있을 경우, 그 궤적 안의 인구밀도 대비 한국의 인구밀도로 파악한다.

지구 전체 면적 대 지구 전체 인구, 즉 78억 명의 사람이 빼곡히 서 있을 때 차지하는 면적의 비를 구하고, 우주 파편의 숫자를 고려해 확률을 계산하면 우주 파편에 사람이 맞을 확률은 1조분의 1 수준이라고 한다. 흔히 일어나기 어려운 일에 대한 확률을 얘기할 때 벼락 맞을 확률, 로또에 당첨될 확률에 비유한다. 벼락 맞을 확률이 13만분의 1이고, 로또 1등에 당첨될 확률이 814만분의 1이니 우주 파편에 맞을 걱정을 하며 밤잠 설칠 필요는 없겠다. 하지만 벼락에 맞는 사람도, 로또에 당첨되는 사람도 있기 마련이다.

1997년 1월 22일, 미국 오클라호마주에 사는 로티 윌리엄스Lottie Williams는 새벽에 공원에서 반려견과 산책하던 중 하늘에서 화구를 목격했다. 잠시 뒤 그의 왼쪽 어깨 위에 손바닥보다 약간 큰, 캔과 비슷한 금속성 물체가 솔질하듯 부딪힌 뒤 소리를 내며 땅으로 떨어졌다. 다행히 그는 다치지 않았고, 그 물체가 무엇인지 확인하기 위해 지역 도서관과 미국의 주방위군에 문의했다. 국방부의 분석 결과 미국항공우주국의 케플러 우주선을 운반했던 델타 II 로켓의 잔해 중에서도 연료 탱크의 절연체 부분이라는 사실이 밝혀졌다. 그날 미국 남부 상공에서 델타 II 로켓의 잔해가 대기권에 재진입했다는 사실도 확인되었다. 텍사스주 조지타운Georgetown의 한 농장에는 스테인리스스틸 소재의 추진체 탱크가 떨어지기도 했다. 국방부는 로티에게 사과하며 로켓의 파편에 맞았다는 확인서를 보내줬다고 한다. 그는 지구상에서 인공우주물체의 파편에 맞은 최초의 사람으로 알려졌다. 그의 사진은 우주물체 추락 위험을 다루는 논문에도 자주 등장한다.

2016년에는 인도네시아에 팰컨 B 로켓 부스터의 연료탱크가 떨어져 주택 한 채가 손상된 일도 있었다. 다행히 사람이 다치지는 않았다.

미국항공우주국에서는 개발 단계에서부터 재진입을 고려해 인공위성을 제작하도록 하고 있다. 특히 인공위성을 재진입시킬 때 인명 혹은 재산 피해가 날 확률, 즉 재진입 위성의 충돌 사건 발생 기댓값이 1만분의 1보다 낮아야 한다는 표준 규정이 있다. 재진입하는 모든 운송 수단에서 발생할 수 있는 위험을 줄이기 위한 지침이다. 만약 재진입 위성의 충돌 사건 발생 기댓값이 그 값을 초과하면 궤도를 조정해 사람들에게 위협이 되지 않도록 해야 한다. 통제가 가능하다면 사건 발생 기댓값은 0에 가까워지겠지만, 통제가 불가능한 우주물체라면 피해가 발생할 경우를 가정하고 대비할 수밖에 없다. 그러나 사실 이 값을 계산하는 방법들이 대개 수학적 기반이 부족하다.

'사건 발생 기댓값'이라는 것은 재진입 파편의 충돌 확률 밀도, 인구밀도 함수 등을 수학적으로 계산해 도출할 수 있다. 하지만 그 값이라는 게 충돌 지점, 인구밀도 사이의 거리, 재진입 물체의 면적, 한 사람의 평균 면적, 충돌 파편의 에너지 그리고 인구를 지킬 수 있는 건물의 정보 등 너무 다양한 요소에 영향을 받는다. 그래서 이러한 방법으로 계산을 한다고 해도 대략적인 결괏값만을 알 수 있을 뿐이다. 그러므로 우주물체의 추락 위험은 통계적인 수치도 중요하지만, 만에 하나라도 가능성이 있다면 미리 대비하는 것이 안전하다.

2008년에 떨어진 2.5톤의 미국 국립정찰국National Reconnaissance Office, NRO[18]의 정찰위성은 유독물질인 하이드라진을 탑재하고 있었다. 지상에 떨어지면 심각한 피해가 발생할 수 있기에

---

[18] 첩보위성을 제작·운용하고 이를 통해 수집한 자료를 중앙정보국CIA과 국가안보국NSA에 제공하는 미국의 정보기관이다.

이를 막기 위해 아예 미사일로 격추해버렸다. 텐궁 1호 추락 당시에도 독성물질을 처리하기 위한 인력이 추락 상황에 대응하도록 준비하고 있었다.

하늘에서 떨어지는 우주물체에 사람이 맞을 확률은 매우 낮다. 하지만 우주물체의 추락 위험에 대응할 수 있도록 준비는 되어 있어야 한다. 핵연료나 하이드라진과 같은 유독물질이 탑재된 인공위성이 떨어진다면, 그리고 그것이 인구가 밀집한 대도시에 떨어진다면 돌이킬 수 없는 심각한 피해를 입힐 수도 있기 때문이다.

톈궁 1호의 추락을 예측하라, 위성추락상황실

D-7, 24시간 위성추락상황실을 운영하다

2016년 3월 임무를 종료한 후 통신이 두절된 중국의 우주 정거장 톈궁 1호가 같은 해 11월 이후 점점 고도가 낮아지면서 2018년 3월 26일 고도 250킬로미터 이하로 떨어졌다. 즉 우주위험 위기경보의 '관심' 단계에 진입한 것이다. 나는 톈궁 1호의 궤도 변화를 모니터링하며 추락 상황에 대한 감시와 예측 체계를 강화했다.

한국에 추락할 위험은 상당히 낮지만 우주위험에 선제

적으로 대비하고 준비하는 것이 중요하다는 공감대가 형성되어 있었다. 만약을 대비해 한국의 영공과 영해에 있는 항공기·어선과 연락할 체계와 추락 상황에서 위험물질이 발견되었을 경우를 대비하는 전략까지 우주위험 대응체계를 점검했다.

3월 26일 분석한 자료에 따르면 추락 시점이 4월 1일 오후에서 4월 2일 오전 사이로 예측되었다. 한반도 인근을 통과할 것으로 예상되면서 3월 26일 14시부터 한국천문연구원 우주물체감시실은 24시간 위성추락상황실로 전환되었다. 매일 오전 9시와 오후 4시에 추락 예측 시각과 궤적에 대한 자료를 배포하기 위해 자료를 분석했다.

미국항공우주국, 유럽우주기구European Space Agency, ESA, 일본우주항공연구개발기구 등의 해외 기관도 톈궁 1호 우주물체 재진입 캠페인에 동참했고, 각국의 분석 자료가 발표되기 시작했다. 우주물체 감시를 위한 한국의 광학 관측 시스템 아울넷도 톈궁 1호를 관측하기 위해 가동되고 있었다.

나는 미국 연합우주작전센터에서 궤도 정보가 발표되면 그 데이터를 분석해 최종 추락 궤도를 예측했다. 위성추락상황실에서는 과학기술정보통신부 주도로 공군과 관련 정부 부처 관계자들이 참여하는 우주위험 대책반이 꾸려졌고, 한국 공군은 미국 공군과 톈궁 1호의 추락 궤도와 분석 정보를 실시간으로 공유했다. 아직 일주일 전이라 예측 정보는 나라마다 차이가 있었다.

3월 29일, 톈궁 1호의 추락 예측일이 바로 이전 궤도로 분석한 것과 차이가 났다. 오후 4시에 분석 자료를 발표해야 하는데 예측 정보의 경향이 달라진 것이다. 몇 번을 확인해도 마찬가지였다. 분석 방법은 동일했으므로 톈궁 1호의 추락 궤적이 예측된 추락 궤도에서 자연적으로 벗어난 것으로 보였다. 나는 내가 분석한 그대로 추락 예측 정보를 공유했다. 얼마 후 위성추락상황실의 내 자리로 센터장님이 오시더니 다른 나라의 결과도 우리가 분석한 결과로 수렴되고 있다고 전해주었다. 이제 3일 남았다. 앞으로는 예측 오차가 더 줄어드는 시점이기에 시시각각 변하는 정보에 더 집중할 수밖에 없었다.

D-2, 우주위험 위기경보, '경계' 단계로 격상하다

2018년 3월 30일 오후 4시, 우주위험 위기경보 '경계' 발령이 났다. 톈궁 1호의 최종 추락 예측 범위에 한국이 포함되었기 때문이다. 우주위험 대책반이 운영되며 인공우주물체 추락·충돌 대응 매뉴얼에 따라 우주위기 경보 '관심' 단계에서 '경계' 단계로 한 단계 격상하여 대응을 시작했다. '경계' 단계에서는 궤도 변화와 분석을 24시간 내내 수시로 보고하며 대응해야 한다.

오후 6시, 라디오 인터뷰가 있었다. "박사님, 우주위험 위기경보라고 하는 게 어떤 건가요?" "만사 불여튼튼이라고, 만에 하나의 가능성을 대비해야 하지 않을까요?" "영화로만 봤던 일들이 현실에서 일어나는 것 같습니다. 언제 추락하는지 계산하는 게 어렵나요?" 톈궁 1호의 추락 상황과 우주위험 위기경보 단계에 대해 설명했다. 언론에서 위성추락상황실의 분석 자료들을 실시간으로 발표하고 있어 우리가 한 예측이 생방송되고 있는 것이나 다름없었다. 이때부터는 추락 궤도를 예측하기 위한 기본적인 관측 정보를 미국이 발표하는 궤도 정보에 의존할 수밖에 없었다.

D-0, 톈궁 1호의 최종 추락 예측을 분석하다

2018년 4월 2일 새벽 3시, 한국천문연구원 위성추락상황실. 드디어 톈궁 1호의 최종 추락 예측 분석을 마쳤다. 나는 마지막 분석임을 확신했다. 한국의 우주위험 대응을 위해

내가 위성의 추락 예측을 분석한 것은 처음이었다. 내가 분석한 결과가 어떤 파급효과를 일으킬지 생각할 겨를도 없이 데이터를 확보해 톈궁 1호가 어디를 지나갈지를 알아내는 데 집중했다.

4월 1일 저녁 9시에 이미 추락 예측 시점의 오차가 30분 이내로 좁혀졌고, 최종 추락 예측 범위에서 한국이 벗어났다는 것을 확인했다. 안도의 한숨을 내쉬었다. 이제 내가 할 수 있는 것은 다 했다. 모든 결과를 운명에 맡긴 듯 오히려 마음이 편해졌다.

새벽 3시 35분, 위성추락상황실의 전화벨이 울렸다. 담당 과장님의 전화였다. 우주위험감시센터장, 대응팀장 그리고 우주위험 분석을 담당했던 내가 다 함께 수화기에 귀를 대고 있었다.

"왜 위성추락상황실에서 분석한 최종 결과가 미국이나 유럽과 다릅니까? 미국의 분석 결과는 오차 범위가 한 시간이고, 그러면 최종 궤도에 한국이 포함되는데요. 이렇게 다르면 미국의 결과를 따라서 우주위험 위기경보를 '심각' 단계로 높이고, 국민들에게 알려야 하는 것 아닙니까? 하지만 이렇게 오차 범위가 크다면 섣불리 경계경보를 내보내도 혼란을 줄 수도 있을 텐데…… 어떡하죠?"

우주 쓰레기가 온다

"우리의 분석 결과입니다. 최종 궤도에 한국은 포함되지 않습니다. 한국은 안전합니다. 최종 추락 예측 시각은 9시 11분에서 9시 49분입니다." 나는 우리의 분석 결과를 믿었고, 확신을 갖고 얘기했다.

위기경보를 결정해야 하는 중요한 시점에 각 나라는 다른 결과를 보고하고 있었다. 결국 담당 과장님은 우리의 결과를 믿고 최종 추락 시점까지 기다리기로 결정했다. 다른 대안이 있는 것도 아니었다. 미국의 예측 결과가 항상 옳았던 것도 아니다.

우주위험감시센터에서 매일 분석해 제공한 톈궁 1호의 추락 예측 정보는 위기경보 단계를 결정하는 순간마다 판단의 기준이 되었고, 최종 의사결정을 하는 근거가 되었다.

나는 최종 추락 예측 시각이 될 때까지 대기 상태를 유지했다. 새벽의 위성추락상황실은 적막감이 돌 정도로 조용했다.

우주위험 위기경보 해제, 상황종료

"중국 우주정거장 톈궁 1호, 우리나라 피해 없이 2018년 4월 2일 월요일 오전 9시 16분 남태평양에 추락, 정부는 우주위험 위기경보를 해제한다." 오전 7시, 모든 언론과 방송은 톈궁 1호의 최종 추락 시각과 지점을 발표하며, 우주위험 위기경보의 해제를 알렸다.

과학자들의 분석 결과를 믿고 정부가 침착하게 대응한 결과였다. 쉽지 않은 결정이었을 것이다. 잊을 수 없는 기억이다. 이런 결과가 있기까지 우주위험 대응을 준비하며 쌓은 데이터와 신뢰가 있었기에 가능했다.

사실 통제 불가능한 우주물체가 어디로 떨어질지를 오차 없이 정확하게 아는 것은 현재로서는 불가능하다. 대부분의 국가가 추락 예측 시각과 지점의 범위를 공개하는데, 그 정확도를 알기가 매우 어렵다. 전 세계 30개의 광학·레이더 장비를 갖추고 있는 미국만이 전 우주물체를 감시하고 추적하는데, 여기서 생산된 우주물체 궤도 정보를 일부 공개하고 있다. 하지만 상대적으로 정밀도가 낮고 공개 시기도 미국이 정한다.

특히 전 세계가 주목하는 우주위험 이벤트에 대해서는 미국조차도 예측 결과를 쉽게 발표하지 않는다. 물론 미국이 우리에게 예측 결과를 제공해야 할 의무는 없다. 현재 한국은 그저 미국이 결과를 공개하기만을 기다리는 정보의존국인 셈이다.

우주 쓰레기가 온다

텐궁 1호 추락은 정보를 의존한다는 것이 우주위험 상황에서 얼마나 무기력한 일인지, 왜 독자적인 능력이 필요한지를 실감한 사건이었다.

미 전략사령부를 포함해 미국항공우주국, 유럽우주기구, 일본우주항공연구개발기구 등 세계 각국의 항공우주국은 자체적인 프로그램을 통해 텐궁 1호의 추락 예측 시각과 지점을 내놓았다. 한국도 텐궁 1호의 추락 위험에 대해서는 한정적으로 공개되는 정보들을 활용해 독자적인 예측 결과를 만들어냈다. 한국의 선제적인 정보 공유는 세계 어디보다도 앞서 있었고 정확했다. 한국만의 우주위험 예측 분석 능력을 키웠기 때문에 가능한 일이었다.

6

충돌하는 인공위성과
우주 쓰레기

가장 위험하고 파괴적인 쓰레기

운용 중인 인공위성이나 버려진 우주 쓰레기는 각각 위치한 고도에서 지구 궤도를 돌기 위한 공전 속도를 지니고 있다. 고도 100킬로미터에 있는 인공위성은 초속 7.8킬로미터로 이동해 95.5분마다 지구를 한 바퀴 공전한다. 고도 700킬로미터에서는 초속 7.5킬로미터로 98.5분마다 그리고 고도 3만 5786킬로미터에서는 초속 3.7킬로미터로 1440분, 즉 24시간에 한 번 지구를 돈다.

인공위성의 속도는 보통 K2 소총의 총알 속도에 비유된다. 총알의 속도가 초속 1킬로미터로 움직인다고 하니 인공위성은 총알의 속도보다 일고여덟 배나 빠르다. 이렇게 빠른 속도로 마주 오는 두 대의 인공위성이 정면으로 충돌한다면 어떻게 될까? 상대속도[19]는 최고 두 배까지 올라가고, 평균적인 상대속도도 거의 초속 10킬로미터에 이른다. 충돌로 발생하는 에너지는 부딪치는 두 물체의 무게와 재질에 따라 달라진다.

만약 지름 1센티미터, 무게 1.4그램인 알루미늄 구체가 초속 10킬로미터로 움직인다고 한다면 이 구체가 가지는 운동에너지는 7만 700J이다. 이 정도면 TNT[20] 0.3킬로그램의 위력과 같다. 이러한 물체가 인공위성의 주요 부분에 충돌한다면 위성의 기능에 장애가 발생해 정상 운영을 할 수 없게 될 것이다.

보통의 인공위성이나 우주왕복선, 국제우주정거장은 지름 1센티미터 이하의 우주 쓰레기에는 피해가 없도록 보호막을 갖추고 있다. 허블우주망원경의 경우에는 7년간 약 500개의 충돌

---

[19] 운동하는 하나의 물체에서 본, 운동하는 다른 물체의 속도. 아인슈타인의 특수 상대성 이론에 따르면 진공 상태에서의 빛의 속도만이 절대속도가 된다.

[20] 가장 광범위하게 활용되는 폭발성 물질로 보통 핵폭발의 위력을 설명할 때 TNT 화력에 비유하곤 한다. 히로시마에 떨어진 원자폭탄의 위력은 TNT 2만 톤에 달했고, 러시아 첼랴빈스크에 떨어진 유성의 충돌에너지는 히로시마의 약 30배에 달했던 것으로 알려져 있다.

자국이 생겼다(화보 9).

2016년 9월 유럽우주기구의 센티널 1A Sentinel 1A 위성에 급작스러운 변화가 감지됐다. 위성 내부의 에너지 발전량이 줄어들면서 위성의 궤도가 변한 것이다. 원인을 조사한 결과, 센티널 1A의 태양전지판에 크기 40센티미터 정도의 충돌 자국이 발견되었다. 충돌 흔적의 크기와 피해 규모를 통해 크기 1밀리미터 정도의 작은 우주물체가 초속 11킬로미터 정도로 충돌한 것이 원인이었다는 사실을 알아냈다. 다행히 센티널 1A는 나머지 태양전지판으로 이후에도 정상 운영을 하고 있지만, 미세한 우주물체의 위력을 확실히 보여준 사례였다.

1983년에는 미국의 우주왕복선 챌린저호 Challenger의 조종석 유리창에 정체를 알 수 없는 물체가 충돌하는 일도 있었다. 5밀리미터 정도의 구멍을 낸 그 충돌의 원인은 0.1밀리미터 정도 크기의 조그만 페인트 조각이었다. 이 손상 때문에 챌린저호는 지구로 귀환해 대대적인 수리를 해야만 했다.

파편의 크기가 크다면 그 위험성은 더 심각할 수밖에 없다. 만약 야구공보다 약간 큰, 지름 10센티미터 크기에 무게가 1.4킬로그램인 알루미늄 구체가 초속 10킬로미터로 움직인다면, TNT 300킬로그램의 위력에 맞먹는 에너지를 가지게 된다. 만약 이 정도 크기의 우주 쓰레기가 인공위성과 충돌한다면 대형 폭탄이 폭발한 것과 같은 충격으로 위성 전체가 파손될 것이다.

지구 궤도에서 이러한 충돌이 일어난다면 인공위성은 임무 수행이 불가능할 정도로 물리적인 손상을 입는 것은 물론 수십 수백 개의 파편으로 완전히 파괴되는 치명적인 손실이 발생할 수 있다. 미국 연합우주작전센터에서 지름 10센티미터 이상의 인공우주물체에 대해 전수 감시를 하는 것도 이러한 위험 때문이다.

거대한 구조물로 이루어진 국제우주정거장은 몇 센티미터밖에 안 되는 우주 쓰레기에 부딪힌다고 해도 끄떡없을 것도 같다. 하지만 우주정거장에는 우주인이 거주하고 있으므로 우주물체와 충돌한다면 심각한 문제가 될 수 있다. 만약 파편이 우주정거장의 태양전지판과 같은 핵심 모듈의 기능을 마비시킨다면 전기를 공급하지 못해 정거장 내 우주인들은 생활이 어려워질 것이고, 결국 위험에 빠지게 될 것이다. 그래서 우주정거장은 다른 인공위성들보다 모듈의 두께를 더 두껍게 만들어 작은 파편과의 충돌에 견딜 수 있도록 설계한다. 큰 우주 쓰레기가 우주정거장 주변을 지나갈 것으로 예측되면 우주정거장의 위치를 조정해 충돌을 피하는 회피 기동을 하기도 한다.

실제로 국제우주정거장 근처에 우주 쓰레기가 근접한 적이 여러 차례 있었다. 우주정거장의 위치를 조정하거나 움직일 여

유가 부족할 때는 우주인들이 정거장 내 소유즈 우주선의 탈출 캡슐로 피신해 만일의 사태에 대비한다. 2014년에는 우주 쓰레기와의 충돌을 피하기 위해 급히 경로를 이동했었고, 2020년 9월 23일에도 원래 궤도에서 고도를 높이는 회피 기동을 통해 우주 쓰레기와의 충돌을 피해 가기도 했다. 이처럼 국제우주정거장의 회피 기동이 드문 일은 아니다. 하지만 축구장보다 큰 우주정거장의 위치를 살짝 옮기는 것만 해도 쉽지는 않다.

현재의 레이더 관측 기술로는 지름이 10센티미터 이상인 우주 쓰레기만 관측할 수 있다. 10센티미터 이하인 우주 쓰레기의 양은 추정만 할 뿐이다. 유럽우주기구에 따르면, 지름이 10센티미터 이상인 우주 쓰레기는 3만 4000여 개, 1센티미터 이상인 것은 100만 개를 넘을 것으로 본다. 크기가 작다고 해서 무시할 수 있는 양이 아니다.

위성과 위성이 충돌하다, 우주 교통사고

2009년 인류가 인공위성을 쏘아 올린 이래로 최초의 대형 교통사고가 발생했다. 두 인공위성이 우주에서 정면으로 충돌한 것이다. 앞서 이야기한 이리듐 33호와 코스모스 2251호의 충돌이

우주 쓰레기가 온다

그것이다.

1998년 내가 석사 논문을 쓸 때 인공위성의 충돌 위험과 폭발로 인한 파편들의 위험성을 분석한 적이 있다. 당시에 공교롭게도 이리듐 통신위성을 택해 시뮬레이션 결과를 얻었다. 이리듐 위성은 77대의 위성으로 이루어진 통신 위성군으로 위성 간 궤도 조정이 필요한 상황에 하나의 위성이라도 고장이 나서 제어가 되지 않으면 위성군에 포함된 다른 위성에까지도 영향을 줄 수 있다. 한 위성이 폭발한다면 폭발의 정도에 따라 발생하는 파편의 수가 달라질 것이고, 그 파편들이 다른 인공위성과 한국 위성에까지 영향을 미칠 수 있을 것이라 생각해 분석을 했었다.

그런데 연구를 한 지 10년이 지난 2009년에 실제로 운용 중인 이리듐 33호와 우주 쓰레기로 떠돌던 코스모스 2251호가 충돌했다는 소식을 접했으니 놀라지 않을 수 없었다. 이 사건은 10년 전 우주 쓰레기의 위험성을 예측한 분석 결과를 실제로 확인한 사례가 되었고, 내가 우주 쓰레기 연구를 다시 하게 된 결정적인 계기가 되었다.

10년 전 충돌을 시뮬레이션했던 결과와 실제로 발생한 사건의 결과를 비교한 연구를 2009년 10월 한국에서 열린 국제우주대회International Astronautical Congress, IAC에서 발표하기도 했다. 미국항공우주국 연구원들도 우주 교통사고의 여파를 조사하여 우주의 오염 정도를 파악한 결과를 내놓으며 이 파편들로 인한 2차 충돌 위험이 21세기 말까지 계속될 수 있음을 발표했다.

인류는 언젠가는 우주에서 인공위성끼리 부딪치는 교통사고가 발생할 것이라 예상하고 있었다. 그런데 왜 아무도 두 인공위성의 충돌을 예측하지 못했을까? 만약 미리 알았다면 우주 쓰레기였던 코스모스 2251호는 어쩔 수 없지만, 이리듐 33호는 자체 궤도 조정을 통해 충돌을 피할 수 있지 않았을까?

실제로 두 인공우주물체 간의 충돌을 미리 예측하는 것은 매우 어렵다. 두 인공우주물체가 운영 중이었다면 서로의 정확한 궤도를 공유함으로써 충돌을 피할 수 있었을 것이다. 하지만 아직 각 나라가 운용 중인 인공위성의 궤도 정보를 서로 공유하고 있지는 않다. 그래서 광학망원경과 레이더를 이용해 직접 관측해야 하는데, 이러한 방식으로 궤도를 추적하는 방법은 아직 불확실성이 높다. 오차가 존재할 수밖에 없기 때문에 충돌을 예측해 인공위성을 피신시키려다가 오히려 다른 충돌 사고를 일으킬 수도 있다. 또한 감시해야 할 우주물체의 수가 많아 모든 물체를 동시에 관측하는 것은 불가능하다. 이렇듯 우주물체 간의 위치를 계산하고 그를 통해 다음에 있을 충돌 위험을 정확히 예측한다는 것은 현실적으로 어렵다.

실제 궤도 자료를 토대로 지금 분석을 해봐도 이리듐 33호

우주 쓰레기가 온다

와 코스모스 2251호는 약 584미터 떨어진 거리에서 빗나간다는 예측이 나온다. 하지만 결과적으로 두 인공위성은 초속 11.7킬로미터로 충돌했고 그로 인해 2400여 개의 파편으로 산산이 부서졌다. 이 파편들은 미국 우주감시네트워크가 관측했다. 현재는 1400여 개의 파편이 지구 궤도에 남아 있다.

추락한 1000여 개의 파편 중 일부는 급격한 고도 변화를 겪으며 지상으로 떨어졌다. 당시 미국 텍사스주와 켄터키주에서 파편이 지상으로 떨어졌다는 제보들이 잇따랐다. 미국 연방항공청Federal Aviation Administration, FAA도 2월 14일에 항공기 조종사들에게 우주 파편에 대비하라는 경고를 하기도 했다.

두 인공위성이 충돌한 고도 800킬로미터 내외는 여러 나라의 지구관측위성과 통신위성이 애용하는 궤도이다. 이곳에서는 앞으로도 우주 교통사고가 빈번하게 일어날지 모른다.

현재 기술로 추적할 수 없는 크기 10센티미터 이하인 파편들이 일으키는 피해는 예측조차 할 수 없다. 만약 파편들과의 충돌로 인공위성이 파괴된다면 그로 인한 파편도 더해져 파편의 수가 기하급수적으로 늘어난다. 그렇게 또 다른 충돌 사고를 일으키는 연쇄 충돌 도미노 현상이 일어날 가능성이 높다.

교통사고를 막기 위해 도로 위에 감시카메라를 설치하고, 속도를 제한하듯이 앞으로 우주에서도 교통사고를 막기 위한 우주교통관리가 필요할 것이다. 특히 스페이스 엑스의 스타링크나 아마존의 카이퍼, 영국의 원웹과 같은 초대형 군집위성의 증가는 지구 궤도에서의 빈번한 우주 교통사고로 이어질 가능성이 높다. 초대형 군집위성은 위성 몇 대 정도는 실패하거나 운영이 중지되어도 위성군 전체의 운용에는 영향이 없다. 그러나 그렇게 하나둘 버려진 인공위성으로 인해 다른 인공위성이 피해를 보는 경우가 생길 수 있다. 우주 선진국들이 마음껏 쓰고 버린 쓰레기로 인해 이제 막 우주로 나가려는 신생 국가들의 영역이 줄어들고 있다. 우리 인류는 과연 우주 공간을 인류 모두의 공간으로 대하고 있는지를 되돌아보게 한다.

우주 재난 최악의 시나리오

지구 궤도 내에서 우주 쓰레기의 밀도가 한계치에 달하면 우주 쓰레기들이 서로 연쇄적으로 부딪치면서 파편이 기하급수적으로 늘어난다. 이로 인해 충돌 위험이 한없이 높아지고 인공위성이 연달아 파괴되기 시작한다. 우주 쓰레기로 인해 일어날 수 있는 우주 재난 최악의 시나리오로 알려진 '케슬러 신드롬Kessler Syndrome'이다.

1978년 도널드 케슬러Donald J. Kessler는 '인공위성의 충돌 빈도: 파편 벨트의 생성'[21]이라는 제목의 논문을 출판한다. 이 논문에서 케슬러는 세 가지를 예측했다.

첫 번째는 인류가 목록화한 인공우주물체들 간의 충돌이 대량의 작은 파편을 생성할 것이고, 첫 충돌 직후에는 이 작은 파편들로 인한 2차 피해의 위험이 자연우주물체로 인한 충돌의 위험보다 더 커질 것이라는 예측이었다.

두 번째는 각 충돌이 목록화할 수 있을 만큼 충분히 큰 수백 개의 물체를 생성하게 되고, 향후 충돌 발생 속도를 증가시켜 그로 인한 파편의 수도 기하급수적으로 늘어날 것이라는 예측이었다.

마지막 세 번째는 우주 파편의 기하급수적인 증가를 막는 유일한 방법은 수명이 다한 후 궤도에 남겨진 로켓 잔해나 작동하지 않는 인공위성의 수를 줄이는 것이 될 거라는 예측이었다.

이 논문이 발표된 직후 북미항공우주방위사령부에서 일하던 존 개버드John Gabbard는 과학 기자 짐 셰프터Jim Schefter와의 인터뷰에서 '케슬러 신드롬'이라는 표현을 처음으로 사용했다. 인

---

[21]   Donald J. Kessler, Burton G. Cour-Palais(1978), Collision Frequency of Artificial Satellites: The Creation of a Debris Belt, *JGR: Space Physics*, 83(A6), p. 2637-46.

터뷰 기사가 나가고, 1982년 짐 셰프터가 항공우주작가협회 전국언론인상을 받으면서 케슬러 신드롬이라는 용어는 더욱 널리 알려졌다.

정확한 의미를 해석하자면, 케슬러 신드롬은 인류가 식별 가능한 만큼 큰 인공우주물체 간에 일어나는 무작위적인 충돌이 자연우주물체인 유성체의 작은 파편들보다 인공위성이나 우주선에 더 큰 위험을 일으키는 현상을 설명하기 위한 것이었다. 지구 궤도에는 유성의 잔해와 같은 미세운석micrometeoroids이 많이 떠다닌다. 미세운석은 1밀리미터 이하로 매우 작지만, 0.1밀리미터 크기의 작은 입자도 인공위성 표면에 침식을 유발할 수 있다. 따라서 1밀리미터 정도 크기만 되어도 인공위성에 물리적인 손상을 일으킬 수 있는 것이다. 그럼에도 불구하고 케슬러 신드롬은 자연적인 우주환경에서 일어나는 미세운석과의 충돌보다 우주 쓰레기와의 충돌 위험이 더 중요하다고 지적한 것이다.

당시 파악된 인공우주물체의 약 42퍼센트가 열아홉 번이나 발생한 미국이 쏘아 올린 로켓 상단의 폭발로 인한 잔해였다. 모든 인공우주물체를 추적할 것이라고 믿었던 북미항공우주방위사령부도 실제로는 그렇지 못하다는 사실이 밝혀지면서 케슬러 신드롬은 우주 쓰레기에 관한 본격적인 연구로 이어지는 중요한 시작점이 되었다.

1979년 10월부터 미국항공우주국은 케슬러가 현재와 미래에 있을 우주 쓰레기의 위험을 좀 더 정확하게 정의하고, 우주 쓰레기 발생을 줄이는 기술에 관해 연구하는 것을 지원했다. 우주환경을 모델링하고 충돌을 시뮬레이션하기 위한 지상에서의 시험 장비와 우주 쓰레기 증가를 최소화하기 위한 효율적인 기술을 결정하는 커뮤니티를 결성해 협력을 이뤄나가기 시작한 것이다. 더불어 미국 공군과 함께 지상 망원경과 강력하고 짧은 파장의 레이더를 개발하여 작은 크기의 우주 파편들을 발견하고, 회수한 우주선 표면의 충돌 흔적들을 분석했다. 그리고 이러한 연구들을 통해 다음과 같은 결론을 얻는다.

식별하기 어려울 만큼 작은 우주 쓰레기의 위험이 유성체 파편의 위험보다 더 커졌고, 그러한 우주 쓰레기를 만드는 원인이 인공위성의 폭발뿐만 아니라 우주선 표면의 페인트 부스러기, 고체 로켓 상단의 배기가스, 원자로의 냉각수 누출까지 다양하다는 것이다.

1978년에는 대부분의 충돌이 고도 800~1000킬로미터 사이에서 발생할 것으로 예측됐는데, 오늘날에는 다른 영역으로 확산됐을 뿐만 아니라 저궤도와 정지궤도에서의 충돌 위험이 급격히 증가했다. 케슬러는 궤도에 있는 물체 수에 비례하는 비율로 파편이 생성될 것이라고 예측했지만 최근에는 궤도에 있는 물체 수의 제곱에 비례하는 비율로 충돌 빈도수가 증가할 것이라는 예측이 나왔다. 예를 들면, 지구 궤도에서 폭발할 확률이 있는 로켓 상단과 인공위성의 수가 두 배로 늘어나면 폭발로 인해 생성되는 파편의 속도는 두 배가 되고, 생성된 파편 간의 충돌로 인해 다시 파편이 생성되는 속도는 네 배가 증가한다는 것이다.

1978년 케슬러가 예측할 당시 지구 궤도에 있는 우주물체 수는 3800여 개였는데, 2021년에는 이미 2만 4000여 개가 넘었다. 여섯 배 가까이 늘어난 것이다. 인공우주물체가 증가함에 따라 폭발이나 충돌로 인해 생긴 파편들끼리 충돌하는 비율도 가속화할 것이라는 사실은 쉽게 추측할 수 있다. 결국 케슬러가 예측한 것처럼 재앙 같은 무작위적인 충돌 위험의 시대를 우리는 맞이한 것이다.

대부분의 환경문제가 그렇듯이, 우주환경 문제도 해결하기 위해서는 초기 비용이 많이 들 수밖에 없다. 하지만 우주 쓰레기를 이대로 방치하거나 문제 해결에 실패한다면 더 큰 재난으로 이어질 것이다. 이러한 사실을 케슬러는 이미 예언하고 경고했다. 케슬러 신드롬은 앞으로 인류가 해결해야 할 과제로 남아 있다.

7

우주위험을 감시하라

우주위험을 막기 위해 가장 먼저 해야 할 일

"한국천문연구원 우주위험감시센터에서 우주위험에 대해 연구하고 있습니다. 인공위성과 우주 쓰레기가 어디에 있는지, 언제 지구로 추락할지, 충돌할 위험은 없는지 등 우주에서 일어나는 일들을 감시합니다." 내가 하고 있는 일을 소개하려면 아직은 이렇게 긴 설명이 필요하다. 한국천문연구원, 우주위험, 우주위험감시, 인공위성과 우주 쓰레기의 추락과 충돌 등 모두 생소한 말이다. 지금 당장 우리 생활에 밀접한 영향을 미치지 않는 것 같은 다른 세계 이야기처럼 느껴질 것이다. 반짝반짝 아름답게 빛나는 별들 가득한 밤하늘을 보면서 지구로 언제 떨어질지 모르는 인공위성과 우주를 가득 메운 쓰레기를 연상하기란 쉽지 않은 일이다.

우주를 감시한다는 것은 지구에 근접하는 자연우주물체, 특히 지구에 위협이 되는 소행성을 감시하는 것과 지구 궤도를 돌고 있는 인공위성과 우주 쓰레기를 감시하는 것을 포괄하는 의미이다. 우주감시는 결국 우주위험을 대비하고 대응하기 위한 일련의 과정이다. 지구 궤도를 도는 인공위성과 우주 쓰레기를 탐지해 위치를 알아내고, 추적을 통해 대상 물체의 특징을 파악하는 식별과정을 거친다. 그리고 이를 목록화해 데이터베이스를 유지하면 우주위험이 어디서 어떻게 발생할지 예측할 수 있다.

하늘 전체를 계속 관측하면서 사전 정보가 전혀 없는 미확인 우주물체를 발견하는 것부터 발견된 우주물체의 정체를 파악해 그 물체가 지구에 떨어질 위험은 없는지, 다른 인공위성과 부딪칠 위험은 없는지를 알아내는 우주 가드space guard 역할을 한다. 우주위험을 막기 위해 가장 먼저 해야 하는 것이 바로 우주감시 활동이다. 우주물체가 어디 있는지 알아내고 다음에 어디로 움직일지를 예측해 지속적으로 추적하며 우주위험에 어떻게 대처할지를 생각해낸다.

우주 쓰레기가 온다

인공위성 감시를 위한 네트워크가 처음 시작된 것은 1956년이었다. 스푸트니크 1호가 발사된 이후 인공위성 개발과 발전 속도만큼이나 우주를 감시하는 기술도 함께 발전했다.

1950년대 중반 인공위성을 추적하기 위해 세 가지 접근 방법이 고려되었다. 첫 번째가 광학 추적, 두 번째가 레이더 추적 그리고 세 번째가 간섭계를 사용하여 각도를 측정하는 것이었다.

대표적인 추적 사례로는 1950년대 후반 진행되었던 문워치 Operation Moonwatch와 미니트랙 네트워크Minitrack Network가 있다. 문워치는 작은 망원경을 이용해 육안으로 위성을 관측하는 프로그램이었다. 하버드대학교 천문학자 레드 휘플Red L. Whipple이 인공위성을 추적하는 데에는 아마추어 천체 관측도 중요한 역할을 할 수 있다고 제안하면서 시작되었다. 전문 과학자들이 스푸트니크 1호를 관측하는 데 아마추어 천문학자들과 시민들의 도움을 얻는 것이었다. 메사추세츠주 케임브리지Cambridge에 있는 스미소니언 천체관측소Smithonian Astrophysical Observatory, SAO가 시작하면서 미국과 호주에서 200여 개의 관측 팀이 활동했다. 1958년 전문 광학추적관측소가 가동되기 전까지 문워치 팀은 인공위성 관측을 위한 계산과 관측 정보를 제공하는 데 매우 중요한 역할을 했다.

비슷한 시기에 시작된 미니트랙 네트워크는 스푸트니크와

뱅가드, 익스플로러 같은 인공위성들의 비행을 추적하는 데 사용되었다. 1957년 미국에서 최초로 운영한 인공위성 추적 네트워크였고, 인공위성에서 송신하는 약한 전파를 감지하여 위성을 추적했다. 민감한 수신 시스템과 간섭계를 형성하는 안테나 배열을 구성해 추적하는 방법이었다. 이 방법은 미국 해군연구소U.S. Naval Research Laboratory가 제안한 간섭계를 이용한 방식으로 넓은 시야각에서 어디서나 물체를 쉽게 측정할 수 있었다. 스푸트니크 1호가 아마추어 무선통신 밴드로 전 세계와 교신을 하면서 미니트랙 네트워크에서도 추적 데이터를 수신할 수 있었고, 스푸트니크 1호와 2호 모두 미니트랙 네트워크로 추적할 수 있었다.

우주감시는 어떤 대상을 감시할지 그리고 감시 목적이 무엇인지에 따라 탐지하는 장비들이 달라진다. 관측 대상이 인공위성일 경우에는 위성의 궤도에 따라 감시 방법도 달라지는 것이다. 만약 정지궤도 위성이라면 항상 관측 시야에 들어오지만, 저궤도 위성이라면 한 지상 관측소의 시야에 들어오는 시간이 극히 짧은 데다 매우 빠른 속도로 움직이기 때문에 제약이 생긴다. 즉, 저궤도 위성이라면 관측 효율과 횟수를 높이기 위해서 지구 여러 곳에 관측망을 배치하는 것이 필요하다. 만약 시야각이 1도인 관측 장비라면 약 2만 번의 관측 수행을 해야만 천구의 반을 커버할 수 있는 것이다. 만약 알려지지 않은 인공위성을 탐색하는 것이 목표라면 가능한 넓은 영역을 동시에 볼 수 있어야 한다. 초기 궤도를 아는 상태라면 1~2도의 시야각을 가진 관측 장비만으로도 인공위성을 찾을 수 있다. 참고로 시야각이 1도라면 고도 1000킬로미터의 저궤도 위성이 머리 위를 지나가는 경우 2~3초 정도 관측할 수 있다.

광학망원경으로 우주를 감시하는 방법

밤하늘의 별들을 바라보다가 빛을 깜빡이며 빠르게 움직이는 물체를 발견한다면 그것은 하늘을 날아가고 있는 비행기일 확률이 높다. 밤하늘을 보다가 비행기처럼 빛을 깜빡거리지는 않지만 빠르게 움직이는 것이 있다면 육안으로 관측 가능한 인공우주물체, 바로 세계 최대 크기의 인공우주물체인 국제우주정거장일 것이다. 국제우주정거장은 고도가 낮고 크기도 매우 큰 데다 거대한 태양전지판을 갖고 있기 때문에 태양 빛이 지구로 반사되면 밝기가 −2등급에서 4등급까지 매우 밝게 보인다. 완전히 어두운 장소에서 육안으로 보이는 가장 어두운 물체가 6등급에 해당한다. 물론 밤에도 밝은 빛으로 가득 찬 도시에서는 3등급 이상은 육안 관측이 어렵다. 달의 최대 밝기가 −12.6등급, 금성이

−4.4등급, 목성이 −2.9등급, 화성이 −2.2등급, 토성이 −0.1등급 정도 되니 행성이 보이는 밤하늘에 국제우주정거장이 지나간다면 육안으로 관측할 수 있을 것이다. 최근에는 고성능 카메라가 탑재된 스마트폰으로 우주정거장을 촬영한 영상도 있다. 만약 500킬로미터 상공에 있는 직경 2미터가 넘는 저궤도 우주물체라면 어두운 밤하늘에서 눈으로 볼 수 있을지도 모른다.

하지만 우주물체를 감시하는 것은 단순히 육안으로만 보인다고 할 수 있는 것은 아니다. 그 우주물체가 어디에 있는지 위치 정보를 얻을 수 있어야 하기 때문이다.

광학으로 우주를 감시하는 방법은 천문학 분야에서 적어도 수백 년간 연구하고 발전시켜온 가시광 영역의 망원경을 이용한 천문 관측 방법과 유사하다. 인공우주물체나 자연우주물체 모두 태양 빛을 반사해 가시광 영역에서 빛을 내므로 우주물체와 태양 그리고 관측자와의 거리, 우주물체의 크기와 재질에 따른 반사율에 따라 지상 관측자에게 얼마나 밝게 보일지가 결정된다. 저궤도 위성의 경우에는 지구를 돌다 태양 빛이 지구에 가려지는 때가 오는데 이때는 광학으로 관측이 불가능하다. 태양 빛을 받을 수 없는 지구 그림자 속으로 들어가는 때를 식eclipse이라고 한다. 이때는 인공위성도 태양 관측을 할 수 없고, 태양열을 받아 전력을 생산할 수도 없기 때문에 충전된 배터리를 이용한다.

망원경telescope은 '멀리tele'라는 말과 '본다skopein'라는 말에서 유래했다. 멀리 떨어져 있는 우주물체로부터 나오는 빛을 모아 상을 만들고, 이를 확대해서 실제보다 크게 보이도록 하여 우리가 관측할 수 있도록 해주는 것이 망원경이다. 빛을 많이 모으기 위해서는 더 넓은 면적의 렌즈가 필요하고, 더 세밀하고 뚜렷하게 보기 위해서는 지름을 크게 만들어 분해능[22]을 좋게 만들어야 한다. 망원경으로 여러 파장대의 빛이 모이면 검출기의 필터에 따라 가시광선, 자외선, 적외선 영역 등도 관측할 수 있다.

우주물체를 감시하는 대부분의 광학망원경은 우리가 눈으로 보는 가시광선부터 근적외선까지를 사용한다. 물체에 반사된 빛을 초점으로 모아서 확대된 상을 만들고 이 영상을 사진으로 찍어 컴퓨터 신호로 보낸다. 각각의 우주물체는 저마다 다른 분광 분포를 갖고 있으므로 이러한 분광 관측자료는 우주물체의 특성을 파악하는 데 중요한 역할을 한다.

망원경으로 우주물체를 찍으면 별들이 같이 찍힌다. 그러므로 별과 우주물체를 구분해 우주물체의 위치와 이동 방향을 알아내야 한다. 이 부분이 별을 관측하는 천체 관측과 다른 점이다.

---

22 망원경의 상이 얼마나 명확하고 뚜렷이 보이는가를 나타내는 척도로서 최소 식별 능력을 말한다.

인공위성처럼 이동하는 우주물체를 탐지하고 추적하기 위한 방법으로 광학 감시의 원리인 사진 판독을 이용한다. 연속으로 촬영된 영상을 분석하여 별과 움직이는 인공우주물체를 구분하는 것이다. 그러면 고정된 몇 개 별들의 위치로부터 움직이는 우주물체까지의 각도를 측정할 수 있고, 이를 통해 우주물체의 위치와 방향을 알아낼 수 있다.

지구는 자전하면서 공전하므로 별을 관측하기 위해서는 망원경이 지구와 똑같이 움직여야만 한 천체를 계속 추적할 수 있다. 마운트를 사용해서 망원경을 지구의 움직임과 같게 하되, 인공위성이 움직이는 속도에 따라 마운트의 속도 또한 맞추어야 인공위성을 추적할 수 있는 것이다.

1970년대까지는 시야각 10도 이상의 초광시야 망원경이 많이 사용되었다. 가장 강력한 시스템으로 유명했던 베이커-눈 광학망원경은 개구면이 20센티미터 이상인 대형 카메라로 필름에 영상을 기록하는 방식을 사용했다. 며칠 앞서서 호주의 문워치 팀이 육안 관측을 먼저 성공하긴 했지만, 베이커-눈 망원경으로도 스푸트니크를 검출하는 데 성공했다.

1979년에는 미국 공군의 지상전자광학우주감시Ground-based Electro-Optical Deep Space Surveillance(이하 GEODSS)가 본격적으로 가동되었다. GEODSS는 뉴멕시코주의 소코로, 하와이 마우이섬의 할레아칼라산 정상 그리고 디에고가르시아섬, 총 세 곳에 설치되어 현재까지도 우주감시를 수행하고 있다. 정지궤도에 있는 50센티미터 크기 이상의 우주물체를 검출할 수 있어서 정지궤도 관측의 약 80퍼센트를 담당하고 있기도 하다. 현재는 높은 감도의 CCD 센서 사용이 일반화되고, 관측과 자료 분석 수준도 높아지면서 정지궤도를 넘어 심우주에 있는 물체까지 감시 범위가 넓어졌다.

일반적인 광학 관측으로는 우주물체에 대한 3차원 위치 정보를 바로 얻을 수 없다. 우주물체의 정확한 위치를 알기 위해서는 반복적인 관측으로 궤도를 파악하는 과정이 필요하다. 그래서 특히 빠르게 움직이는 저궤도 우주물체가 더욱 어려운 문제가 된다. 하늘에서의 위치각과 각속도 정보를 얻는 광학 관측에서는 지상 관측소와 우주물체 간의 거리나 거리 변화 등 3차원 위치에 대한 정보를 얻기 위해 최소 세 개 이상의 탐지 관측을 해야 한다.

광학 우주감시에는 뚜렷한 한계가 있다. 하늘이 도와야만 감시가 가능하기 때문이다. 우선 별처럼 밤에만 볼 수 있고, 날씨도 맑아야 한다. 구름이 많거나 미세먼지가 많은 날에 우주물체는 보이지 않는다. 달이 밝은 밤에도 달빛에 가려 상대적으로 어두운 우주물체의 관측이 어렵다. 또한 저궤도에 있는 우주물체는 지상 관측소에서는 지평선 위에 있을 때만 관측이 되므로 궤도의 극히 일부분만 관측 가능하다. 이마저도 태양 빛을 받지 못하면 볼 수 없어 관측 가능한 시간대가 매우 적고 제한적이다.

이런 도전적인 광학 우주감시를 한국은 '아울넷OWL-Net'이라고 불리는 우주물체전자광학감시네트워크Space Object Wide-field patroL Network로 해내고 있다. 구경 50센티미터에 시야각이 1.1° × 1.1°인 광시야 망원경 다섯 대로 구성된 시스템이다.

CCD 카메라와 고속 위성 추적 마운트로 구성된 무인으로 움직이는 전자동 광학망원경으로 저궤도 위성부터 자연우주물체인 소행성까지 관측할 수 있다. 전 세계에 다섯 군데 설치되어 있는데 모두 무인으로 운영되고 있다. 한국천문연구원 우주물체감시실에 있는 아울넷 헤드쿼터headquarter에서는 다섯 대의 광학망원경을 원격으로 조정하면서 데이터를 수집한다.

아울넷의 망원경은 몽골의 울란바토르, 모로코의 마라케시, 이스라엘의 미츠페라몬 WISE 천문대, 미국 투손 레몬산 천문대 그리고 한국 보현산 천문대에 설치되어 있다. 관측 예정인 우주물체를 각각 정해진 시간에 자동으로 관측하고 그 정보를 헤드쿼터로 보내면 동일한 우주물체를 연결해서 관측이 가능하다.

아울넷은 한국이 처음으로 구축한 광학 우주감시 장비이다. 한국이 1992년 우리별 1호를 시작으로 인공위성 개발을 시작한

우주 쓰레기가 온다

데 비하면 우주감시를 위한 장비 구축은 거의 20년이나 뒤처진 셈이다. 스푸트니크 1호가 올라가기 전부터 인공위성 발사를 대비해 우주물체를 추적하는 시스템을 함께 개발한 우주 선진국들과 비교된다. 지금은 미국이 인공위성을 추적한 궤도 정보를 무상으로 공개하고 있어 사실상 한국은 모든 인공우주물체에 대한 정보를 미국에 의존하고 있다. 그래서 우주감시에 대한 필요성을 덜 느끼는 것 같다. 많이 늦긴 했지만 한국도 아울넷을 통해 제한된 성능일지라도 인공위성 추적 시스템을 갖추고 독자적인 네트워크를 구축했다는 점은 충분히 자랑할 만하다.

아울넷으로 고도 500~700킬로미터에 있는 한국 아리랑위성들은 모두 관측이 가능하다. 미국이 공개하는 정보보다 훨씬 정밀한 궤도 정보를 획득할 수 있다는 장점이 있지만 작은 저궤도 위성이나 우주 쓰레기는 관측이 어렵다는 한계도 있다.

레이더로 우주를 감시하는 방법

지구 궤도에 2만여 개가 넘는 인공우주물체가 있다는 사실을 우리가 알 수 있는 것은 스푸트니크 1호 발사 이후 쏘아 올린 인공위성과 발견된 우주 쓰레기에 대한 목록를 인류가 유지했기 때문이다. 인공우주물체 목록은 미국 국방부가 우주군U.S. Space Force 하에서 유지하고 있는 카탈로그에서 확인할 수 있다.

　인공위성에 대한 초기 관측은 베이커-눈 카메라, 망원경, 라디오 수신기과 레이더 관측소들을 통해 수집된다. 이렇게 수집된 관측 데이터들을 전문가들이 분석해 우주물체의 궤도 요소를 결정하고 궤도 예측을 계산한다. 지금도 우주군은 우주감시네트워크를 운영하며 인공위성과 우주 쓰레기를 탐지하고 식별해내 추적하며 이를 분류해 목록화한다. 여기서 발견된 우주물체들은 모두 번호를 부여받고 관리된다.

　우주감시네트워크는 30개 이상의 지상 기반 레이더와 광학 망원경 그리고 우주 기반의 인공위성 6개로 구성되어 있다. 그중 중요한 부분을 차지하는 것이 바로 지상 기반의 레이더 시스템이다. 알려지지 않은 인공우주물체를 탐지하고 여러 개의 물체를 동시에 추적할 수 있으므로 우주감시네트워크의 핵심 센서라고 할 수 있다.

　레이더Radio Detection and Ranging, RADAR를 통한 우주감시는 지상에서 전파를 발사해 우주물체에 맞고 되돌아오는 에코echo 신호를 수신해서 우주물체의 위치와 움직이는 속도를 알아낸다. 레이더는 파장이 긴 저주파와 파장이 짧은 고주파가 임무에 따라 사용된다. 파장이 긴 경우에는 공기 중의 수증기나 눈, 비 등에 흡수 또는 반사되면서 발생하는 전파의 감쇄가 적기 때문에 멀리까지 탐지할 수 있다. 하지만 파장이 길기 때문에 측정 자료의 해상도가 낮아 정밀한 측정은 어렵다.

반대로 파장이 짧은 고주파는 대기 중의 감쇄가 심해 멀리까지 나가지는 못하지만 상대적으로 짧은 거리에서 높은 해상도의 결과를 얻을 수 있다. 인공우주물체를 추적하기 위해서는 빔 폭이 매우 좁고 출력이 강한 레이더가 필요한데 거리가 멀수록 성능이 급격히 감소해 일반적인 광학 감시보다는 정확도가 떨어진다. 거리가 두 배 멀어지면 왕복 거리가 네 배가 되니 반사되는 신호인 에코의 세기는 열여섯 배가 작아지는 셈이다.

우주감시에 사용되는 레이더의 종류는 많지만 수많은 안테나 소자들을 평면으로 배열한 위상배열 레이더가 가장 대표적이다. 매우 넓은 영역을 빠른 속도로 감시할 수 있어 초기에는 탄도 미사일 조기경보 등 군사 목적으로 개발해 사용되었지만 최근에는 우주감시에 매우 중요한 역할을 한다.

1950년대 중반부터 1960년대 이르는 미소 냉전 시대에는 미국이 소련의 미사일을 탐지하기 위한 목적으로 다수의 장거리 레이더를 설치했다. AN/FPS-17 시리즈는 우주물체 탐지 전용의 고정형 레이더로 터키의 디야르바키르와 텍사스의 라레도, 알류샨 열도의 세미야섬에 여러 대가 설치되어 있다. 디야르바

키르에 설치된 AN/FPS-79 레이더는 넓은 빔 폭을 활용한 탐지와 좁은 빔 폭을 활용한 정밀 추적이 가능해 최대 3만 9000킬로미터 거리까지 추적할 수 있다. AN/FPS-85는 1969년에 플로리다주 에글린 공군기지에 설치되어 운영 중이다. 1977년에 미국의 방산업체 레이시언Raython에서 만든 AN/FPS-108, 코브라 데인Cobra Dane 레이더는 세미야섬에 설치되어 미사일 방어와 우주 감시에 사용되고 있다. 1970년대 후반에 개발된 AN/FPS-115, 페이브포즈PAVEPAWS 레이더는 원래 잠수함 발사형 탄도탄에 대응하기 위해 미국 전역을 커버하는 장거리 레이더로 건설되었다. 케이프 코드, 알래스카주, 캘리포니아주에 건설되면서 우주 감시에 사용되고 있다.

우주감시 레이더로 만들어진 스페이스 펜스Space Fence, 즉 우주 울타리는 베이커-눈 카메라와 네트워크로 연결되어 4만 킬로미터 범위를 추적할 수 있는 것으로 알려져 있다. 북위 33도 근처의 텍사스주, 애리조나주, 앨라배마주에 세 개의 고주파수 송신 안테나와 여섯 개의 수신 안테나로 설치되어 있었는데, 구조가 마치 우주에 세워진 울타리 같아 그렇게 불려왔다. 우주감시를 위한 관측의 약 40퍼센트를 책임지며 우주물체 관측과 궤도를 결정하는 임무를 수행했으나 2013년 10월 1일 이후로 운영이 중단됐다. 지구 궤도의 늘어나는 인공위성과 우주 쓰레기를 탐지하고 추적하기 위해 차세대 우주감시 레이더인 스페이스 펜스 II를 만들었기 때문이다.

이제 스페이스 펜스는 마셜 제도의 콰잘레인 환초에 새로이 설치된 S-밴드 레이더를 말한다. 현재 미국 우주군은 스페이스 펜스의 정상 운영을 시작했다. 미국 최대 방산업체 록히드마틴Lockheed Martin이 개발한 스페이스 펜스 II는 1미터급 구형 표적에 대한 최대 탐지 거리가 4714킬로미터이고, 저궤도 영역인 800킬로미터 고도에서는 3센티미터급 구형 우주물체까지 탐지가 가능하다. 저궤도에서 크기 3센티미터 이상인 우주 쓰레기까지 탐지하고 추적할 수 있다는 것은 기존보다 열 배 많은 20만여 개의 우주물체를 관측할 수 있다는 말이다. 또한 하루에 150만 번의 관측을 수행할 수 있는 성능을 지녔다.

미국뿐만 아니라 유럽과 일본, 중국 등도 기존에 이미 확보하고 있는 레이더의 성능을 높이면서 10센티미터급의 우주 쓰레기를 감시할 수 있는 고성능 우주감시 레이더를 개발하고 있다. 러시아의 KRONA, 독일의 TIRA와 GESTRA, 프랑스의 GRAVES 등도 대표적인 우주감시 레이더들이다.

일본의 우주항공연구개발기구는 2018년 오카야마현에 새로운 우주감시 레이더를 설치할 계획을 발표했다. 일본 자국의 인공위성을 미국의 정보에 의지하지 않고 지킬 수 있는 체제를 만들겠다는 계획이다. 일본은 이미 가미사이바라우주센터에 저 궤도의 우주 쓰레기를 관측하는 레이더 시스템을 갖고 있다.

우주물체를 감시하고 추적하기 위해 레이더 장비는 필수이다. 밤낮 구분 없이 날씨에 구애받지 않고 24시간 지속적으로 감시할 수 있는 장비는 레이더뿐이기 때문이다.

한국에도 우주감시 레이더가 필요하다는 데 이견이 없지만, 아직은 계획에 머무르고 있다. 다른 나라들은 개발과 정상 운용을 시작하며 늘어나는 인공위성과 우주 쓰레기에 대비하는데, 한국은 여전히 다른 나라가 주는 정보를 마냥 기다려야 하는 상황이다. 만약 더 늦어진다면 우주감시에 있어서는 미국, 일본, 프랑스, 독일 등 다른 나라와의 격차가 훨씬 더 벌어질 것이다.

레이저로 우주를 감시하는 방법

인공위성을 감시하는 방법 가운데 가장 정밀한 것은 인공위성 레이저 추적Satellite Laser Ranging, SLR 기술이다. 이 기술은 지상에서 레이저 반사경을 탑재한 인공위성에 레이저를 발사해 반사되어 돌아오는 빛을 수신한 뒤 이를 계산하여 인공위성까지의 거리를 측정하는 것이다.

위성 레이저 추적은 레이저 발진기에서 레이저가 방출될 때 그 시각을 광전자부[23]에서 측정한 뒤, 광학망원경을 거쳐 인공위성으로 레이저가 발사된다. 우주로 나간 레이저는 인공위성에 달린 레이저 반사경에 맞아 반사되고, 이 반사된 레이저가 광학망원경의 수신부로 되돌아올 때 광전자부에서 한번 더 그 시각을 측정한다.

측정된 레이저의 송신시각과 수신시각을 통해 레이저가 인공위성까지 갔다가 돌아온 시간Time of Flight, TOF을 계산하는데, 이렇게 측정된 왕복 시간을 빛의 속도인 초속 30만 킬로미터로 계산해 인공위성까지의 거리를 도출해낸다. 시각을 측정하는 광전자부의 정밀도가 수십 피코초picosecond(1조분의 1초)급이므로 밀리미터급에 해당하는 정밀도를 보인다. 즉, 수백에서 수만 킬로미터 떨어진 인공위성까지의 거리를 밀리미터 오차 내에서 정밀하게 측정할 수 있다는 뜻이다.

인공위성이 임무를 수행하기 위해서는 정해진 시각에 위성이 지구 주변의 어느 위치에 있는지, 지상 또는 우주의 어느 곳을 향하고 있는지를 알고 예측할 수 있어야 한다. 그러기 위해서는 정확한 위치 정보가 반드시 필요하다. 정확한 위치를 알고 있

---

[23] 광전자인 레이저를 송신하고 수신하여 정밀 거리를 측정하는 제어부를 말한다.

어야만 우리가 원하는 시각에 임무를 수행할 수 있도록 명령하고 계획할 수 있기 때문이다.

위성 레이저 추적 기술은 미국항공우주국이 1964년에 발사된 인공위성 비콘 익스플로러-B Beacon Explorer-B의 궤도를 결정하기 위해 처음으로 사용했다. 당시에는 거리 측정 오차가 50미터 수준이었다고 한다. 수십에서 수백 피코초 정도로 펄스 폭이 매우 짧고, 펄스당 에너지가 큰 레이저를 사용하는데, 만약 레이저 펄스 폭이 100피코초인 경우 인공위성의 거리 측정 정밀도는 약 6밀리미터가 된다. 일정 시간 동안의 데이터를 취합해 통계적인 계산을 통해서 더욱 정밀한 거리 측정 데이터를 얻을 수 있는데, 이를 위해 전 세계 40여 개의 레이저 추적 관측소가 활동하고 있다.

한국은 세종시에 설치된 세종 인공위성 레이저 추적 관측소와 경상남도 거창군 감악산에 설치된 거창 인공위성 레이저 추적 관측소가 있다. 세종에 설치된 레이저는 40센티미터급 이동식 망원경으로 개발되었다. 처음에는 한국천문연구원 내에 대덕 관측소로 구축되어 운영되다 2015년에 세종시로 옮겼다. 세종 관측소는 내가 한국천문연구원에 들어와 처음으로 참여한 프로젝트였다. 당시에 여러 문제 때문에 정확한 거리 측정이 되지 않았는데, 시스템과 소프트웨어 문제들을 하나씩 해결하여 공

우주 쓰레기가 온다

식 국제 레이저 추적 서비스International Laser Ranging Service, ILRS 관측소로 등록되기도 했다. 위성 레이저 추적도 구름 없는 맑은 날 밤에만 가능하기 때문에 관측소에서 하늘을 지나가는 인공위성에 레이저를 쏘며 밤을 지새웠다. 6개월이 넘도록 관측한 결과를 모아서 미국에 있는 분석 센터에 보내 공식 관측소로 등록하기까지 여러 난관을 거쳐 레이저 우주감시를 성공시켰다. 한국의 나로과학위성과 아리랑위성 5호가 레이저 반사경을 장착하고 있어 세계 각국의 레이저 추적소들이 레이저를 발사해 관측 정보들을 모으기도 했다.

1미터급 망원경이 설치된 거창의 관측소는 레이저 출력을 높여 정지궤도 위성까지 레이저를 쏠 수 있는 성능을 갖고 있다. 한국의 정지궤도 복합위성에 레이저 반사경이 탑재되어 있어 이제 거창 관측소에서 레이저 추적을 할 수 있게 된 것이다.

위성 레이저 추적 기술은 인공위성 추적뿐만 아니라 지구과학 연구의 기반이 되는 기초연구에도 활용된다. 세계 여러 관측소가 인공위성을 지속적으로 추적하면 여러 대의 인공위성에 대한 위치 정보를 데이터베이스로 구축할 수 있고, 이를 통해 인공위성의 위치 정보를 예측할 수 있다. 이런 기술로는 인공위성의 정확한 궤도를 알 수도 있지만 역으로 지구의 미세한 거리 변화도 측정할 수 있다. 예를 들면, 지진이나 화산 폭발, 지구 자전

축의 변화와 같이 지표면의 변화를 측정하는 지구과학 연구에 활용할 수 있는 것이다. 지금까지는 레이저 반사경을 장착한 인공위성은 대부분 지구의 정확한 형태나 중력의 분포, 표면의 위치 결정과 같은 측정 임무를 가진 측지 위성geodetic satellite이 많았다. 일본 후쿠시마 지진으로 인한 한반도 지형의 미세한 변화도 위성 레이저 추적을 통해 알아냈다.

최근에는 과학 연구뿐만 아니라 군사 분야에서 레이저 추적 기술을 무기로 사용하려는 시도도 있다. 레이저 추적 시스템에서 나오는 작은 출력의 레이저라도 사람이 맞는다면 눈이 멀거나 큰 화상을 입을 수 있어 매우 위험하다. 일상생활에서 사용하는 레이저 출력이 최소 몇 밀리와트mW라면, 레이저 추적이나 고출력 레이저 무기에 활용되는 레이저는 최소 몇 킬로와트kW 이상의 높은 출력을 낸다. 레이저 포인터보다 백만 배 이상 높은 에너지이다. 그래서 인공위성 레이저 추적 관측소에는 모두 항공기 감시 레이더를 같이 설치하도록 한다. 항공기 감시 레이더로 비행기가 감지되면 비행기 조종사들을 보호하기 위해 레이저 추적을 멈춰야 하기 때문이다.

최근에는 우주 쓰레기를 처리하는 방안으로 고출력 에너지를 이용한 레이저 추적 시스템이 연구되고 있다. 고출력 레이저를 쏘아 우주 쓰레기의 궤도를 변경하거나 파괴하려는 것이다.

우주 쓰레기가 온다

그런데 이 정도의 성능을 내려면 지상에서는 막대한 양의 강력한 에너지가 필요하다. 그래서 고출력 레이저 위성 추적 기술은 우주 쓰레기 처리보다는 요격 레이저와 같은 무기가 될 우려가 크다. 1998년 유엔에서는 '실명 레이저 무기에 대한 협약'을 통해 시력을 영구적으로 손상시키는 레이저 무기를 개발하거나 사용하는 것을 금지하는 협약이 발효되기도 했다. 우주 쓰레기를 감시하기 위한 레이저 추적 기술은 올바른 데 사용될 수 있도록 더욱 주의할 필요가 있다.

우주물체의
궤도를 예측하라

우주를 감시한다는 것은 결국 지구 궤도에 있는 인공위성과 우주 쓰레기의 궤도를 알아내는 일이다. 그러기 위해서 광학, 레이더, 레이저를 이용한다. 물론 우주에서 위성에 센서를 부착해 알아내는 방법도 있다. 하지만 현재는 지상에서 우주를 감시하는 다양한 감시카메라 역할의 센서들을 설치하는 것이 최선이다.

광학망원경이나 레이더 장비 또는 레이저 시스템을 통해 얻은 관측 자료들은 우주물체들의 위치를 파악하고, 파악된 궤도를 바탕으로 예상 경로를 예측할 수 있는 정보를 제공한다. 당연히 어떤 관측 결과를 얻느냐에 따라 예측하는 결괏값도 달라진다. 인공위성이 많아지고 우주 쓰레기가 늘어날수록 우주물체의 궤도를 얼마나 정밀하게 예측하느냐가 중요해지고 그에 따라 우주위험에 대처하는 방법도 달라진다. 얼마나 정확한 초기 정보를 얻었는지에 따라 현재의 위치를 정확히 알아낼 수 있고 다음 시간의 위치도 예측할 수 있다. 이를 통해 인공위성이 어디로 추락할지 또는 다른 인공위성과의 충돌 위험이 있는지를 예측하는 것이다. 그래서 관측 정보들을 분석해 우주물체의 궤도를 예측하는 것이 가장 중요한 핵심 기술이다.

사실 뉴턴이 없었다면 불가능했을 일이다. 우주감시 기술에서 가장 중요한 핵심 원리를 뉴턴이 이미 완성한 덕분이다. 현대에서 인공위성의 궤도를 예측하는 일은 뉴턴 역학을 활용하는 것이 전부이다. 뉴턴 역학이 알려주는 두 물체 사이에 작용하는 힘의 관계로 특정 순간의 물체의 위치와 속도를 알 수 있고, 그다음 순간 그 물체의 위치와 속도도 예측된다. 단순히 지구와 인공위성으로만 이루어진 두 물체 사이만의 운동으로 본다면 말이다. 하지만 미래를 예측한다는 것이 그렇게 간단히 이루어진다면 얼마나 좋을까. 태양을 중심으로 도는 지구와 지구를 중심으로 도는 달 모두 끊임없이 움직이고 있다. 지구를 중심으로 도는 인공위성도 이런 관계 속에서 움직인다. 단순히 두 물체만 존재하는 자연계란 없다. 그러므로 우주물체의 궤도를 예측하는 것은 뉴턴 역학이 있다 해도 정확한 값을 측정하기란 불가능하다. 최대한 근사한 값을 찾기 위한 험난한 과정을 거칠 뿐이다.

뉴턴은 인간이 우주의 움직임을 예측할 수 있는 중요한 힌트를 주었다. 하지만 완벽하게 맞진 않는다. 케플러는 지구와 인공위성의 운동을 지구 중심 방향의 중력장 작용으로 설명했다. 하지만 관측을 통해 자세히 살펴보면 케플러 궤도를 기준으로 불규칙적인 운동을 한다는 것을 발견할 수 있다. 즉 지구와 인공위성, 두 물체 간의 중력만으로는 설명되지 않는 외력, 섭동력이 존재하는 것이다.

지구와 인공위성의 일대일 관계로 예측한 위치에 망원경을 대고 위성이 지나가기를 기다린다면 예측은 보기 좋게 빗나갈 것이다. 섭동력을 알아내야만 예측된 정보의 정확도를 높일 수 있다. 인공위성의 궤도 예측 능력은 이러한 섭동력을 얼마나 더 자세하게 촘촘히 반영하느냐에 달려 있다.

우주 쓰레기가 온다

지구는 둥글다. 우리는 단순히 지구를 완전한 구의 형태로 상상한다. 하지만 지구는 사실 울퉁불퉁한 못생긴 감자같이 생겼다. '블루 마블blue marble'(푸른 구슬)은 1972년 아폴로 17호가 지구를 찍은 사진 덕분에 붙은 애칭이지만 실제 지구의 모습은 매끈한 구슬과는 다르다.

2009년 3월 17일 유럽우주기구에서 발사한 지구 중력장 탐사위성 고체GOCE가 지구 지각과 해양의 미세한 밀도 차이를 탐사했다. 이를 바탕으로 2011년에 '지오이드geoid'라는 지구 중력장 지도를 발표했는데, 이 지도의 형태가 우리가 알고 있던 블루 마블과는 너무나도 다른 모양이었다. 고체 위성도 임무를 마치고 연료가 바닥 난 상태로 2013년 10월 21일 지구로 추락했다.

지구 궤도를 도는 인공위성은 고도가 높을수록 지구 중력장 외에 다른 천체의 중력에도 더 크게 영향을 받는다. 특히 정지궤도 위성은 저궤도 위성에 비해 태양과 달의 중력으로 인한 섭동력을 상당히 크게 받는다.

태양이 끊임없이 방출하는 복사에너지도 인공위성에 섭동력으로 작용한다. 인공위성과 태양 사이의 거리와 태양의 밝기는 시간에 따라 변하는데, 그에 따라 인공위성이 받는 유효 면적과 표면 반사율이 섭동력을 결정한다. 태양 활동은 11년 주기의 느린 변화와 태양이 자전하고 흑점이 형성되면서 매일 일어나는 태양 표면의 변화, 이 두 가지가 태양 플럭스의 세기로 드러나면서 지구 대기권과 인공위성에 직접 영향을 미친다.

고도 3만 6000킬로미터에서는 대기 저항력을 거의 받지 않는다. 하지만 저궤도에서 지구 대기는 추락하는 인공위성의 궤도를 예측하기 위해 가장 중요하게 고려해야 하는 섭동력이다. 지구 대기의 분포는 태양의 흑점, 지자기 영향, 시간에 따른 일변화, 연변화, 계절 변화 등 여러 변화 요인에 따라 그 밀도가 달라지므로, 이러한 변화를 모두 보정해야만 정확한 지구 대기 모델을 구할 수 있다. 그래서 대기 저항으로 인한 섭동력은 정밀한 지구 대기 모델에 의존할 수밖에 없다. 지구로 추락하는 인공우주물체의 추락 시각과 궤도를 예측하기 위해서 시간과 고도, 위도와 경도에 따른 실제 대기 밀도를 예측해 반영해야 한다.

인공위성의 궤도를 예측하는 것은 이론적으로는 이미 완성되어 있고, 실제로 적용하기 위한 관측 기술인 광학과 레이저 기술의 발전도 어느 정도 궤도에 올라와 있다. 하지만 수만 개에서 수십만 개로 늘어날 인공위성과 우주 쓰레기를 찾아내고 추적하기 위한 레이더 기술은 아직 가야 할 길이 멀다. 미국의 최대 우주감시 레이더인 스페이스 펜스가 가동되어 수십만 개의 우주물체를 관측한다고 해도 센서의 정확도는 여전히 광학이나 레이저에 비해 낮기 때문이다. 센서가 얼마나 정확하게 관측해주느냐가 궤도 예측에 중요하게 작용하는 만큼 인공위성과 우주 쓰레기의 움직임은 여전히 많은 불확실성 속에 있다. 우주물체의 추락·충돌 위험에 대비하기 위한 궤도 예측의 정확도를 높이기 위해서는 센서가 얼마나 작은 것을 찾아낼 수 있느냐보다 발견한 물체를 얼마나 정확하게 관측해내느냐에 달려 있다. 앞으로 우주감시를 위한 센서 기술의 발전을 기대해본다.

3부

A C E   D E B R I S

지속 가능한
평화적 우주 활동을 위한 안내서

8

인류가 우주에서 지켜야 할 규범

누가 우주의 주인일까?

우리가 사는 지구. 지구의 땅과 바다, 하늘에는 모두 경계가 있다. 어디서부터가 한국의 땅이고 바다이고 하늘인지가 정해져 있다. 다른 국가의 땅, 바다, 하늘을 지나가려면 그 나라의 승인을 받아야 한다. 허락 없이 들어갔다간 법적 분쟁뿐만 아니라 전쟁까지 일어날 수 있다. 지구에서 주인이 없는 곳, 즉 국가의 주권이 미치지 않는 곳으로는 공해와 심해저 그리고 남극대륙이 있다. 주인이 없다는 표현보다는 지구촌 모두가 주인이라고 하는 게 적절하겠다.

　모든 국가에게 개방된 영역이므로 그곳에 있는 자원은 모든 나라가 자유롭게 사용할 수 있다. 국제 사회는 평화적 이용과 과학적 탐사를 위한 자유를 보장하고 어느 나라도 소유권을 주장할 수 없도록 약속했다. 이러한 지역들은 전 세계가 같이 보존해나가야 할 인류 공동의 자산이기 때문이다. 하지만 일부 국가는 이에 동참하지 않고 자원이 풍부한 지역의 영유권을 먼저 확보하려 욕심을 내기도 한다.

　이제는 많은 나라가 우주개발에 본격적으로 참여하며 지구 밖 미지의 세계를 향해 나아가고 있다. 지구 궤도에 수많은 인공위성을 띄우고 달로, 화성으로 가려고 한다. 왜 이렇게 많은 국가가 우주개발과 탐사에 이토록 국력을 쏟고 있을까? 인류의 역사를 보면 바다를 지배하고 대륙을 이동하여 세계를 지배한 강대국들이 있었다. 오늘날에는 우주가 이러한 역사의 무대가 된 것이다. 달 착륙을 시도하고 우주기지를 건설하며 화성으로 나아가는 우주 개척의 시대가 열린 것이다.

　인간이 살아가는 데 최소한의 질서를 유지하기 위해 필요한 약속이 있다. 이러한 약속은 한 국가 내에서 이뤄지기도 하고, 여러 국가가 함께하거나 때로는 인류 전체가 공동으로 참여하기도 한다. 지구환경을 지키기 위한 여러 조약 또한 마찬가지이다. 이제 이러한 약속들은 지구뿐만 아니라 우주로까지 확장되어야 한다. 우리에게 주어진 환경을 인류 공동의 자산으로 생각하고, 평화적으로 이용하고 보호해야 할 책임감을 가져야 하는 것이다.

우주가 일부 국가의 전유물이 되지 않도록 우주 공간에서도 국가와 인간의 행동을 규율하는 법이 필요하다는 인식이 국제사회에서 점점 확산되고 있다. 실제로 여러 세부적인 관련 규칙과 법도 점점 만들어지는 중이다.

1950년대 소련과 미국이 경쟁적으로 인공위성을 쏘아 올리던 시기부터 이미 우주는 과학적 가치뿐만 아니라 군사·경제적 가치로 인해 강대국들이 경쟁하고 충돌하는 공간이었다. 그랬기 때문에 유엔을 중심으로 회원국들이 각 국가가 지켜야 하는 질서와 행동 규율을 정해 우주개발 경쟁으로 인한 마찰 혹은 분쟁을 방지하자는 데 뜻을 모았다. 그렇게 1967년 63개 유엔 회원국이 비준하여 최초의 우주법이 제정되었다.

최초의 우주법은 유엔의 '외기권의 평화적 이용을 위한 위원회Committee On the Peaceful Uses of Outer Space, COPUOS'가 중심이 되어 맺은 '외기권 조약Outer Space Treaty'이다. 외기권 조약의 정식 명칭은 '달과 그 밖의 천체를 포함한 외기권의 탐사와 이용에 있어서 국가 활동을 규제하는 원칙에 관한 조약Treaty on principles governing the activities of States in the exploration and use of outer space, including the moon and other celestial bodies'으로 모든 법의 기본이 되는 헌법과도 같이 우주 이용에 대한 기본 원칙을 정하고 있다.

그중 가장 중요한 원칙이 바로 '우주 이용의 자유'이다. 우주는 모든 나라가 자유롭게 탐사하고 이용할 수 있고, 경제적 또는 과학적 발달 정도에 관계없이 전 인류의 이익을 위해서 이용되어야 한다는 것이다. 그러므로 우주 공간과 천체는 인류의 공동 자산으로 어떤 국가도 영유권과 소유권 등의 권리를 주장할 수 없는 영유 금지의 원칙을 갖는다.

또 다른 중요한 원칙 가운데 하나는 '평화적 이용의 원칙'이다. 우주에서는 핵무기나 대량파괴 무기를 지구 궤도에 쏘아 올리는 것이나 천체 또는 우주 공간에 배치하는 것을 금지한다. 단 평화를 목적으로 하는 군사 우주 활동은 인정하고 있다. 군에서 선발된 우주인들이 인류의 사절단으로서 우주 활동을 하는 것이 이에 해당한다.

모든 우주 활동에 대한 책임은 국가가 져야 하는 '국가 책임의 원칙'도 있다. 민간의 우주 활동이나 개인이 발사한 인공위성에 대해서도 모두 민간이나 개인이 속한 국가가 책임을 져야 한다. 그러므로 국가가 자국민의 우주 활동을 감독하고 관리해야 하는 의무를 가지는 것이다.

또한 우주 활동은 국제 협력과 상호 협력을 중요시한다. 만약 우주비행사가 사고나 조난으로 다른 국가의 영역이나 공해상에 비상 착륙한다면 해당 국가는 모든 가능한 원조를 제공하고, 안전하게 구조하여 신속하게 본국으로 송환해야 한다.

인공우주물체를 달과 다른 천체를 포함한 외기권에 발사하거나 궤도에 진입시킬 때는 통보를 해야 하고 다른 나라에 손해를 입힐 경우에는 국제적으로 책임을 져야 한다. 인류의 모든 우주 활동이 우주의 평화적 이용과 국가 간의 존중과 배려의 원칙 아래 행해져야 하기 때문이다.

이렇게 시작된 우주법은 1968년 '우주비행사의 구조, 우주비행사의 귀환 및 외기권에 발사된 물체의 회수에 관한 협정', 1972년 '우주물체에 의하여 발생한 손해에 대한 국제책임에 관한 협약', 1975년 '외기권에 발사된 물체의 등록에 관한 협약', 1979년 '달과 기타 천체에 있어서 국가 활동을 규율하는 협정' 등으로 점점 구체화되며 큰 틀이 완성되었다. 우주발사체로 인공우주물체를 띄우는 절차나 우주에서 사고가 발생했을 때의 책임 그리고 우주인에 대한 구조와 귀환 등 세부적인 문제를 다루는 내용이 보충된 것이다.

최근 들어 우주와 관련해 많이 나오는 단어가 바로 '뉴 스페이스'이다. 미국과 러시아처럼 일부 강대국이 주도하던 '올드 스페이스'에서 벗어나 다양한 국가뿐만 아니라 민간의 기업들이 우주개발에 대거 참여하여 우주탐사를 하는 시대를 일컫는다. 각 국에서 많은 민간기업이 우주개발에 참여하며 우주산업을 활성화하고 있다. 기존의 우주개발과는 완전히 다른 양상이 전개되고 있는 것이다. 뉴 스페이스는 우주 생태계에 있어 새로운 전환점이다.

스페이스 엑스의 스타링크 프로젝트를 필두로 여러 민간기업이 우주의 상업적 활용을 극대화하고 있고, 유인 우주선 발사와 행성 탐사 등 우주탐사를 통해 달과 행성에서의 자원을 확보하려는 기술을 개발하고 있다. 우주개발이 국가 주도에서 민간주도로 빠르게 전환됨에 따라 외기권의 무분별한 사용과 우주자원의 독점, 우주환경의 상업적 이용이 많아질 것에 대한 우려도 있다.

뉴 스페이스 시대에도 우주법은 그대로 적용된다. 민간기업의 우주개발 또한 그 기업이 속한 국가가 그 의무와 책임을 진다. 하지만 각 국가나 민간기업이 우주법을 각자 다르게 해석해 충돌이 발생할 가능성이 여전히 남아 있다. 사실 아직은 우주법이 실제로 강력한 구속력을 가지고 있지 않다. 인류가 우주에서 지켜야 할 최소한의 규범만 세운 셈이다. 뉴 스페이스 시대에 맞는 의무와 책임을 정한 새로운 법과 질서가 필요하다. 민간기업이 채굴한 우주 자원에 대한 재산권이 인정되면 그 자원의 소유권을 둘러싼 여러 논란이 발생할 것은 불가피하기 때문이다. 그래서 과학기술과 우주 공간의 상업적 이용 그리고 군사안보 문제에 대한 보편적인 체제와 더 강력한 규제 방안이 유엔을 중심으로 논의되고 있다. 한국도 이런 변화를 긴밀하게 지켜보고 이에 맞춘 전략적인 안목을 키워야 한다.

우주 쓰레기도 주인이 있다

인류가 우주로 발사하는 모든 물체는 우주법에 따라 국가에 등록하고 유엔에 보고하도록 되어 있다. 그런데 다 쓰고 버려진 인공위성이나 우주에 남겨진 우주 쓰레기들은 어떻게 될까?

　우주개발국들은 발사장을 세우고 독자적으로 인공위성을 쏘아 올려 우주를 탐사하며 이용하고 있다. 60년이 넘은 우주 시대 내내 세계 각국에서 쏘아 올린 인공위성들은 우주에서 임무를 다하고 우주 쓰레기로 방치되고 있다. 인공위성의 상태 그대로 남아 있는 것도 있지만 폭발하거나 다른 우주물체와 충돌해 완전히 파괴되어 수많은 파편으로 흩어진 것도 있다.

　앞에서 얘기했던 대로, 다수의 광학과 레이더 장비를 갖춘 우주감시네트워크가 우주에 남아 있는 우주물체들을 찾아내고 있다. 크기가 작은 우주 쓰레기의 상당 부분이 인공위성 폭발로 인한 파편들인데, 이러한 잔해들도 모두 찾아내 식별과정을 거친다. 인공위성이 폭발하거나 충돌하는 순간을 직접 관측하는 것은 아니다. 갑자기 레이더에 잡히는 물체들이 많아지면 기존 우주물체의 궤도 변화를 비교해 인공위성의 폭발이나 충돌을 확인한다. 크기가 작은 우주 쓰레기들은 인공위성을 의도적으로 파괴하거나 폭발시켜 생기는 경우가 상당히 많다. 이러한 작은 우주 쓰레기들도 그 파편들의 모체인 인공위성의 소유국을 알아내 그 국가가 관리하도록 한다. 작은 우주 쓰레기로 인해 다른 인공위성이 피해를 입었다면 그 우주 쓰레기의 소유국이 책임을 져야 하기 때문이다. 그래서 다 쓰고 버린 인공위성이라 해도 궤도 변화가 있는지를 계속해서 관측해야 한다.

우주감시네트워크에서 찾은 우주 쓰레기 가운데 일부는 식별이 불가능한 경우도 종종 있다. 크기가 너무 작거나 한 번에 많은 인공위성이 발사되면 소유국이 어디인지 구별하기가 힘들다. 발사체에서 분리된 인공위성이 곧바로 기능을 잃어 지상과 통신이 되지 않거나 크기가 작아 추적되지 않는 경우도 마찬가지이다. 현재는 우주감시네트워크로 식별 가능한 크기가 10센티미터 이상이지만 앞으로는 점점 더 작은 크기의 우주물체까지

우주 쓰레기가 온다

식별이 가능해질 것이다.

　최근에는 초소형 인공위성 기술이 발달하면서 큐브위성 전성시대라 할 만큼 수많은 큐브위성이 빠르게 진화하며 대량으로 발사되고 있다. 큐브위성은 1999년 미국 캘리포니아 폴리테크닉 주립대학교와 스탠퍼드대학교 연구팀이 처음으로 만든 것이 표준으로 자리 잡았다. 가로·세로·높이가 각각 10센티미터인 정육면체로 약 1.3킬로그램 무게의 인공위성이다. 10세제곱센티미터 규격 하나를 1유닛(U)이라고 하여 몇 개를 쌓아 두세 개 유닛으로 만든 위성도 있다. 큐브위성은 크기와 무게를 줄여 개발비도 적게 들고, 우주발사체에 한꺼번에 여러 대를 실을 수 있다는 장점이 있다.

　대학교에서 인공위성 교육이나 실험용 인공위성을 띄우기 위해 큐브위성을 활용하는 경우가 많다. 하나의 큰 인공위성을 개발하기 위해서는 수백억에서 수천억 원이 드는 반면 큐브위성은 몇억 원이면 된다. 어렵지 않게 우주에 위성을 띄울 수 있다는 점은 큐브위성의 가장 큰 매력이다. 그래서 뉴 스페이스 시대에 민간기업과 대학교를 중심으로 큐브위성의 임무도 진화하고 있다.

　인공위성 한 대를 띄우면 지구를 한 번 관측하는 데 반해 인공위성 여러 대를 띄우면 동시다발적으로 지구를 관측할 수 있어 그 영상들을 통해 기존에 없던 결과물을 얻기도 한다. 미국의 기업 플래닛 랩스가 띄운 초소형 큐브위성 도브 88대가 동시에 발사되어 지구 관측을 하며 지구의 재난·재해 감시에 활용되기도 하고, 미국항공우주국에서 우주탐사 프로젝트로 화성을 향해 발사한 큐브위성 '마르코Marco'가 지구에서 약 100만 킬로미터 밖에서 지구와 달 사진을 찍어 보내주기도 했다.

초소형위성 여러 대를 한꺼번에 발사할 때는 대부분 발사되는 위성들이 전부 다 완벽하게 기능하는 것을 기대하지 않는다. 스페이스 엑스의 스타링크도 발사한 인공위성 중 일부는 실패할 것을 각오하고 대량으로 우주로 올려보낸 것이었다.

대부분의 상용 인공위성은 우주환경에서 살아남기 위해 인공위성에 탑재되는 모든 부품을 우주용으로 개발하고 우주에서 완전무결하게 동작하도록 보수적인 설계와 개발을 한다. 또한 지상에서 환경시험을 통과해야만 우주로 발사된다. 크기가 작든 크든 관계없이 우주에서 임무를 수행하기 위해서는 반드시 필요한 기능들을 갖춰야 하기 때문이다. 그러나 큐브위성은 지상에서 사용하는 부품을 가지고 올라가 실제로 우주에서 동작할지 실험하고 검증하는 용도로 쓰는 경우가 많다. 그러다 보니 우주로 보냈지만 임무 수행 전에 그대로 우주 쓰레기로 전락하는 큐브위성이 많이 발생한다.

우주로 가자마자 몇 달 또는 1~2년의 짧은 수명 동안 임무를 수행하고 우주에 남겨지는 큐브위성은 인류가 앞으로 해결해야 할 또 하나의 숙제이다. 큐브위성은 우주감시에 있어 극히 어려운 도전 과제이기 때문이다. 광학과 레이더로 이 작은 인공위성을 찾아내기 위해서는 그 성능을 높여야 하는데, 성능을 높이는 데에도 한계가 있다. 현재 우주감시네트워크가 크기 10센티미터급의 우주물체를 찾아낼 수 있다고는 하지만, 이는 잠깐씩 관측되는 경우를 말한다. 그 정도로 작은 물체의 정확한 위치를 계속해서 추적하는 것은 지금도 매우 어려운 문제이다. 큐브위성은 위치를 파악하지 못해 미확인 우주물체로 등록되는 경우도 종종 발생한다.

한국에서도 매년 큐브위성 경연대회가 열려 전국의 대학생과 대학원생들이 참가한다. 대회에서 개발된 큐브위성은 실제로 우주로 발사하는데, 2018년 1월 12일에도 큐브위성 다섯 대가 인도가 개발한 발사체 PSLV에 실려 우주로 나갔다. 최근 많은 큐브위성이 정기적으로 발사되는 횟수가 많은 국제우주정거장으로 물자 수송을 하기 위해 쏘아 올리는 로켓에 함께 실려 발사된다. 대량의 큐브위성이 한번에 여기에 실려 운송된 후 국제우주정거장에 있는 로봇 팔을 이용하여 다시 우주로 발사되는 것이다. 직접 큐브위성을 개발한 사람들은 마음 졸이며 인공위성이 지상으로 신호를 보내주기를 기다렸을 것이다. 하지만 발사한 인공위성 중 소수만이 식별되어 우주물체로 등록되었고, 나머지는 식별이 불가능해 미확인 우주물체로 남았다. 여러 원인이 있겠지만 그만큼 우주로 인공위성을 보내 임무를 수행한다는 것이 쉬운 일은 아니다.

우주개발을 위해서는 많은 시도와 도전이 필요하다. 그래서 인공위성을 끊임없이 우주로 보내고 여러 실험을 하며 기술을 개발해야 한다. 하지만 적어도 지상에서 식별이 가능하도록 기능을 확인하고 크기도 조절해야 할 필요가 있다. 그렇지 않다면 미확인 우주물체는 계속 늘어나게 될 것이고, 다른 인공위성에 피해를 줄 수 있는 우주 쓰레기로 남게 될 것이다. 우주에서도 자기가 버린 쓰레기는 그것이 작든 크든 모두 자신이 끝까지 책임을 질 수 있어야 한다.

공유지의 비극

길을 가다가 화장실이 급해서 근처 건물 화장실을 이용하려다 문이 잠겨 있어 당황한 경험이 있을 것이다. 일반 건물이나 패스트푸드점, 카페 등 다중이용시설을 관리하는 데 있어 가장 어려운 것이 바로 화장실이라고 한다. 모든 사람에게 화장실이 개방되어 있다 보니 일부 이용객이 시설을 함부로 사용하기 때문이다. 모든 사람의 편의를 위해 개방한 시설인데 제대로 관리하기가 힘들어 결국 출입을 제한하는 경우가 많다. 왜 모두에게 개방된 화장실은 관리가 어려울까? 왜 공용 화장실을 사용하는 사람들은 화장실을 함부로 쓰는 것일까?

주요한 원인은 공용 화장실이 누구나 자유롭게 사용 가능한 공간이라는 점이다. 시야를 넓히면 공용 화장실의 관리 문제는 누구나 공짜로 사용할 수 있는 '공유 자원', 즉 하늘과 바다 등 자연환경을 이용하는 데서 발생하는 환경오염 같은 문제들과 일맥상통한다.

미국의 생태학자이자 철학자인 개릿 하딘Garrett Hardin은 '공유지의 비극tragedy of the commons'에 대한 논문을 1968년 《사이언스Science》에 발표했다. 공유지의 비극이란 공유지와 같은 공유 자원을 개인들이 자유롭게 사용하도록 하면 이기적인 방식으로 사용하므로 공유지가 파괴되어 결국 공유지를 이용하는 사람 모두에게 안 좋은 결과로 돌아오는 현상을 말한다. 하딘은 논문에서 공유 목초지의 사례를 통해 공유지의 비극을 설명한다.

어느 마을에 커다란 목초지가 있다. 누구의 소유도 아닌 목초지인데, 어느 목동이 아무도 쓰지 않던 목초지에서 자신의 양에게 풀을 먹이기 시작했다. 그 모습을 보고 다른 사람들도 그 목초지로 모이기 시작했다. 각자의 양에게 먹일 수 있을 만큼 목초지에 풀이 풍부할 때는 문제가 없었다. 그런데 한 사람이 한 마리, 한 마리 계속해서 양을 늘리기 시작한다. 목초지로 모이는 사람들도 계속해서 늘어난다. 그리고 다른 사람들도 마찬가지로 양의 숫자를 늘린다. 목초지의 면적은 한정되어 있는데 양의 숫자가 계속 늘어나다 보니 목초지가 황무지로 변하고, 결국 모두가 목초지를 이용할 수 없게 된다. 한정된 공유지 안에서 각자 개인의 이익만을 최대로 추구하는 자유로운 선택을 하게 된 결과, 공유지가 파괴되는 비극을 맞이한 것이다.

사용에 제한이 없는 공유지는 사람들이 쉽게 남용하는 경우가 많다. 공유 자원은 누구나 사용할 수 있으므로 소비하는 데 제한이 없지만, 누군가 그것을 남용하면 다른 사람이 이용하는 데 불편을 끼치거나 아예 소비를 하지 못하게 될 수 있다.

우주도 마찬가지이다. 우주는 개별 국가가 소유권을 주장할 수 없는 인류 공동의 자산이고, 누구나 자유롭게 이용할 수 있는 공유지이다. 그러한 우주 공간에 선진국들은 이미 앞다퉈 수많은 인공위성을 발사했고, 최근에는 민간기업들까지 대규모의 위성군을 발사하고 있다. 누구나 사용할 수 있을 것 같았던 우주 공간은 선점한 일부 국가에 의해 무분별하게 남용되고 있다.

우주 쓰레기가 온다

규제 없는 우주개발은 지구 궤도에 우주 쓰레기를 증가시키고 있다. 우주 쓰레기는 운영 중인 인공위성에 위협이 된다. 우주 쓰레기와 충돌하거나 폭발한 인공위성의 잔해들은 더 작은 조각으로 부서지면서 파편의 수는 증가하고, 그 결과 인공위성의 연쇄 충돌로 우주 쓰레기가 더 폭발적으로 증가하는 현상이 반복된다. 모두가 무분별하게 쏘아 올린 인공위성이 만든 악순환, 공유지의 비극인 것이다.

인공위성을 많이 쏘아 올린 국가들이 먼저 나서서 우주 쓰레기를 치워야 하지만 서로 눈치를 보면서 선뜻 나서지 않고 있다. 우주 쓰레기를 치우는 것이 기술적으로 어려울 뿐만 아니라 막대한 자본을 투자해야 하기 때문이다. 결국 무분별하게 쓰고 재앙을 기다리느냐 아니면 비용을 감수하더라도 우주 쓰레기를 줄이느냐의 문제이다. 인류 전체의 미래를 고려하지 않고 당장 각 국가만의 이익을 좇아 우주를 사용한다면 누구에게나 열려 있던 우주가 더 이상 그 누구도 쓰지 못하는 목초지처럼 되어버릴 수 있다.

공유 자원이 항상 공유지의 비극으로 이어지는 것은 아니다. 공유지의 비극을 피할 방법이 몇 가지 있다. 첫째는 정부가 개입해서 법과 제도를 만들어 개개인의 이기심을 규제하는 방법이다. 둘째는 공유지를 사유화하는 방법이다. 공유 목초지를 개인들에게 골고루 나누어주고 사유 재산으로 관리하게 하는 것이다. 셋째는 공동체 내부의 자율적인 힘을 이용하는 방법이다. 공동체가 소통과 합의를 통해 자율적인 협약을 만들어 공유지를 이용하는 것이다.

우주 공간을 각 나라에 공평하게 나누는 것은 불가능하다. 결국 세계 공동체가 소통과 합의를 통해 우주법과 같은 법과 규제를 만들고 이를 지키려는 노력을 해야 한다. 그래서 최근 유엔에서는 우주 상황을 바라보는 인식에 대한 논의가 활발히 이루어지고 있다. 우주 공간의 무분별한 사용으로 인한 공유지의 비극 문제를 해결하기 위해 여러 방안이 논의되고 있다. 인류는 지속 가능한 평화적 우주 활동을 위한 방법들을 계속해서 찾아나가고 있다.

2021
스페이스
오디세이

미래의 우주를 위한
네 가지 관점

2018년 6월 오스트리아 유엔 빈 사무국에서는 1968년 시작한 이래 50주년을 맞이한 유엔우주총회UNISPACE와 함께 스페이스 2030Space 2030이라는 이름으로 심포지움이 열렸다. 미래의 국제 우주 협력과 우주 공간의 평화적 이용에 대한 각국의 견해를 교환하고, 전 세계 우주개발과 우주 분야 육성을 위해 우주 과학기술의 과거와 현재 그리고 미래의 역할에 대한 전문가들의 의견을 듣는 자리였다. 과연 미래에도 우리는 여전히 우주를 평화적으로 그리고 공개적으로 이용할 수 있을까? 우주 과학기술의 과거와 현재 그리고 미래의 역할은 무엇일까?

오늘날 우주는 더 이상 특별한 것이 아니다. 우주는 이미 우리 삶의 많은 부분에서 핵심적인 요소로 자리 잡았다. 또한 우주의 새로운 사용자로서 국가보다 민간의 활동이 증가하고 있다. 이러한 인식을 바탕으로 스페이스 2030에서는 우주를 바라보는 네 가지 관점을 제시했다. 바로 '우주와 산업', '우주와 여성', '우주와 시민사회' 그리고 '우주와 청소년'이 그것이다.

우주산업의 생태계는 이미 국가 주도의 '올드 스페이스'에서 민간 주도의 '뉴 스페이스'로 변화하고 있다. 우주산업의 선도자인 스페이스 엑스, 블루 오리진과 같은 기업들은 우주여행을 현실화하고 있으며, 스페이스 엑스의 설립자 일론 머스크는 '화성 식민지'라는 도전적인 꿈도 꾸고 있다. 이러한 변화 속에서 '우주와 산업'이라는 관점에는 우주기술을 통해서 지속 가능한 미래를 만드는 우주개발 르네상스를 맞이하고자 하는 비전이 담겨 있다. 이제는 어느 나라가 어떤 우주개발을 했는지보다 어떤 기업이 어떤 우주상품을 만들었는지에 더 관심이 쏠릴 것이다.

'우주와 여성'은 우주를 연구하는 여성으로서 진심으

우주 쓰레기가 온다

로 반가운 마음이 들었고 귀를 기울일 수밖에 없는 주제였다. 왜 유엔은 우주와 여성이라는 연결고리를 만들었을까? 바로 우주의 지속 가능한 안전한 미래를 위해 여성들의, 특히 과학·기술·공학 분야에 대한, 적극적인 참여가 필요하기 때문이다. 한국뿐만 아니라 다른 선진국에서도 여학생들은 어린 나이에 과학에 흥미를 느꼈다가도 열다섯 살이 넘어가면서 점차 관심을 잃는 경향이 나타난다. 이러한 현상은 자연스레 우주 분야에서 일하는 여성의 비율 감소로 이어진다. 유럽우주기구의 재직자 가운데 여성의 비율은 10퍼센트, 26개의 행성 탐사 임무에 참여한 총 961명 가운데 여성의 비율은 96명으로 10퍼센트이다. 십대에 과학, 특히 우주에 흥미를 느꼈던 여학생들이 대부분 사라진 셈이다. 여성 우주비행사의 비율도 10퍼센트 수준이니 우주 분야에서 롤 모델이 될 만한 여성 과학자, 여성 우주비행사, 여성 엔지니어 등을 얼마나 찾기 어려운지 가늠할 수 있을 것이다.

우주 분야에서도 우주를 연구하고 싶어 하는 많은 여성의 참여가 있어야 우주의 평화적 이용과 지속 가능성을 유지할 수 있다는 데 공감하고 있다. 여성들이 우주에 쉽게 접근할 수 있도록 교육이 이뤄지고 우주에 대한 꿈을 키울 수 있도록 영감과 동기를 부여하는 활동이 필요하다.

'우주와 시민사회'에서는 앞으로는 우주 공간의 응용과 우주기술뿐만 아니라 적절한 정책들을 바탕으로 우주와 관련한 시민사회 활동에 초점을 맞춰야 한다는 비전을 제시했다. 자연 또는 인공 재해 대응에 우주 정보를 활용하기 위해서는 전 지구적인 연구가 수행되어야 한다. 주요 재난에는 비상 대응을 위해서 인공위성 기반의 데이터와 정보를 제공해 우주가 우리가 사는 사회에 이익이 될 수 있도록 하는 것이다. 그뿐만 아니라 미래에 인류가 달에 거주한다면 어떻게 살 것인지 그리고 어떻게 살기를 원하는지, 우주 식민지에 대한 시나리오가 있는지 등도 논의되고 있다. 상상으로만 꿈꾸던 우주가 현실이 되는 시대가 다가오고 있다.

마지막으로 '우주와 청소년'은 빠르게 변화하는 우주 분야의 미래에 가장 중요한 관점이다. 청소년들에게 우주에 대한 기술적인 진보나 발견, 새로운 기회에 관심을 갖도록 하는 것은 바로 청소년의 미래를 위한 것이기도 하다.

인공위성 개발, 우주비행사, 화성 프로젝트 등 우주 관련 프로그램을 시행하고 지금의 청소년들에게 새로운 영역을 만들 기회를 제공해야 한다. 이러한 것들이 결국 미래

우주 쓰레기가 온다

우주산업의 리더가 될 젊은 세대를 키워내고, 우주 사회 전체를 강하게 만드는 길이다. 인류의 관점이 우주를 통해 변하고 있다. 청소년들의 우주에 대한 호기심을 충족시켜줄 정보와 교육을 제공하는 일이 미래의 인류를 위해 반드시 필요하다.

우주위험에 대한 연구를 할수록 우주 쓰레기 문제는 한 나라의 힘만으로는 해결할 수 있는 것이 아님을 절실히 느낀다. 그래서 심포지움에 참석한 것이 나에게는 새로운 동기부여가 되었고, 인류에게 가치 있는 연구란 무엇인지를 깨닫는 특별한 계기가 되었다.

한국도 이제는 과학위성, 다목적실용위성, 천리안위성 등 여러 인공위성을 소유한 국가가 되었다. 얼마 전까지만 해도 학생이나 일반인에게 인공위성이라는 말은 우주만큼 굉장히 멀게 느껴지는 단어였다. 먼 미래의 일처럼 느껴졌던 우주 이야기도 이제는 매일 홍수처럼 쏟아지는 각 나라의 우주개발 뉴스로 생생한 현실이 되어가고 있다. 물론 아직은 다른 나라 이야기들이 더 많아서 우리 이야기로 느끼기에는 거리감이 있고 부러움도 더 크다.

우리는 어떻게 우주로 나아가게 될까? 우리가 만들어 갈 우주를 향한 꿈과 도전은 어떠한 형태일까? 인공위성과 우주 이야기는 지금도 진행 중이다.

우주와 관련한 많은 이야기를 모두 담기에는 부족함
이 크다. 하지만 닐 암스트롱이 달에 내디딘 발자국처럼
이 책이 다가오는 미래의 우주 시대를 준비하는 사람들과
우주에 관심을 가지게 된 학생들이 내딛는 한 걸음이 되길
바란다.

9

우주 쓰레기를 줄이기 위한
인류의 노력

우주를 떠다니는 비닐봉투가 있다?

말 그대로 '쓰레기 대란'이다. 플라스틱과 비닐은 매일매일 쌓이고 일주일에 한 번 재활용 쓰레기 버리는 날을 놓치기라도 하면 집이 쓰레기장이 될 정도이다. 배달 앱을 이용해 음식을 주문해 먹거나 마트에서 장을 봐서 오면 쓰레기로 버려지는 포장 용기들이 수두룩하다. 아파트 엘리베이터에 붙어 있는 재활용 분리수거 방법을 매번 꼼꼼히 읽어본다. 플라스틱은 일반 용기와 페트병으로 나누고, 페트병에 붙은 비닐도 일일이 떼고, 일회용 종

이컵과 비닐도 재활용 쓰레기인지 종류를 확인하며 분리한다.

　환경을 생각한다면 일회용품 사용을 줄여야겠지만 우리는 일회용품이 주는 편리함을 포기하기가 어려운 생활에 이르렀다. 언젠가부터는 일회용품 사용이 너무 자연스러워지면서 분리수거를 하면 재활용되거나 알아서 잘 처리될 거라고 믿어버리게 된 것 같다. 경각심은 사라지고 분리수거를 열심히 한 것으로 자신에게 일종의 면죄부를 주는 것이다.

　재활용된 쓰레기도 다시 처리하기 위해서는 상당한 비용과 환경문제를 야기한다. 플라스틱이 땅에서 썩어 없어지려면 100년이 넘게 걸린다. 바다에는 미세플라스틱이 잔뜩 떠다닌다. 지구는 점점 플라스틱으로 가득 차고 있다.

　쓰레기를 줄이기 위해서는 일회용품 사용을 줄여나가는 것이 가장 올바른 선택일 것이다. 하지만 생활 속 곳곳에 이미 플라스틱과 비닐이 쓰이지 않는 데가 없다. 개인의 실천만으로는 한계가 있는 것이다. 그렇다면 근본적인 해결책은 국가가 나서서 친환경 소재로 제품을 만들 것을 장려하고, 버려지는 쓰레기도 환경에 위협이 되지 않도록 처리하는 제도와 시스템을 만드는 것일 테다. 무심코 버린 플라스틱이 해양을 오염하고 미세플라스틱이 되어 생태계를 파괴하는 환경위기 상황은 결국 인간의 삶을 편리하고 쾌적하게 만들기 위해 개발된 기술의 발전으로부터 발생한 문제이다. 무분별한 개발과 자원의 소비는 결국 인간에게 재해로 돌아온다는 것을 이제는 우리도 실감하고 있다.

길가에 버려진 비닐봉투가 바람에 흩날리는 것을 본 적 있을 것이다. 우주에서도 빈 비닐봉투처럼 지구 궤도를 떠다니는 쓰레기가 있다. 2019년 1월 25일, 하와이 할레아칼라에 있는 '소행성충돌최후경고시스템Asteroid Terrestial-impact last Alert System, ATLAS'(이하 아틀라스) 망원경이 소행성인 줄 알고 발견한, 'A10bMLz'라는 명칭이 부여된 '빈 쓰레기봉투 물체Empty Trash Bag Objects, ETBO'이다. A10bMLz는 지구의 저궤도인 600킬로미터까지 접근했다가 지구에서 달까지 거리의 약 1.5배까지 떨어진 곳으로 멀어지며 왔다 갔다 하고 있었다. 아틀라스에 의해 처음 발견된 후 런던 노스홀트 천문대Northolt Branch Observatries의 천문학자 배니엘 뱀버거Baniel Bamberger 팀이 추적해 관찰하여 자세하게 분석했다. 처음에는 A10bMLz가 자연우주물체인지 인공우주물체인지 확인할 실마리를 찾지 못했다. 그런데 움직임이 무작위적이라는 것을 관측하면서 이 물체가 평범한 우주 쓰레기와는 거리가 멀다는 것을 알게 되었다. 그래서 '빈 쓰레기봉투 물체'라는 귀여운 별명이 붙었다.

빈 쓰레기봉투 물체는 펼치면 길이가 수 미터에 달하지만 질량은 1킬로그램도 안 된다. 아마도 로켓 발사 때 사용된 금속

포일일 것으로 추정하고 있다. 어떤 로켓의 잔해인지는 확인되지 않았다. 질량은 작고 표면적은 넓어서 비닐봉투가 바람에 이리저리 휘날리는 것처럼, 이 물체도 태양 복사압과 같은 우주의 외부적인 힘의 영향을 받아 예상치 못한 움직임을 보이는 것으로 추정했다. 하지만 시간이 지나면 결국 지구 대기권으로 떨어질 것으로 예상된다.

이런 일은 과거에도 있었다. 2002년 9월 3일 미국 애리조나주의 어느 아마추어 천문학자는 크기 10~50미터로 추정되는 지구 주위를 50일 주기로 도는 우주물체를 발견한다. 'J002E2'라고 이름 붙여진 이 물체는 당시에는 새로 발견된 지구의 위성일지도 모른다는 관심을 받았다. 하지만 조사 결과 1969년 발사된 아폴로 12호를 실은 새턴 V 로켓에서 분리된 3단 연료통의 잔해로 판명되었고, 우주 쓰레기에 대한 관심을 불러일으키는 계기가 되기도 했다.

우주 쓰레기 경감 가이드 라인

인간이 만든 쓰레기를 최소한으로 배출해 잘 처리하려는 노력은 비단 지구에서만 이뤄져야 하는 것이 아니다. 우주에서도 마찬가지이다. 우주를 상업적으로 이용하는 경우가 비약적으로 증가하면서 우주에도 인간이 만든 쓰레기의 양이 급격히 늘어나는 추세이다. 모든 인류를 위해 자유롭게 우주를 이용할 수 있다면 인간의 우주 활동으로 인해 발생하는 우주환경 문제도 온 인류가 다 함께 책임지고 대처해야 한다. 특히 우주 쓰레기는 전 지구적으로 해결해야 하는 문제이므로 국제사회의 자발적인 노력이 필요하다.

유엔에서는 우주 쓰레기 문제를 1994년 이후 유엔 외기권의 평화적 이용을 위한 위원회(이하 'COPUOS')의 과학기술소위원회에서 이어오고 있었다. 그런데 2007년 중국이 자국의 기상위성 펑윈 1C를 폭파시키는 위성요격 시험을 한 것이다. 우주개발이 시작된 이래로 단시간에 가장 많은 우주 쓰레기를 발생시킨 이 사건은 적어도 앞으로 수십 년간 인류의 우주 활동을 위협할 우주 쓰레기를 남기고 말았다. 이 사건으로 1987년 이래로 미국과 소련이 합의한 위성요격 무기 실험의 유예 원칙도 흔들리게 되었고, 중국에 대한 세계 각국의 비판이 이어졌다.

펑윈 1C 폭파로 인해 인공위성을 고의로 파괴함에 따른 우주 공간의 환경문제가 심각하게 대두되었다. 이를 계기로 2007년 유엔 COPUOS에서는 과학기술소위원회의 만장일치로 우주 쓰레기 경감 가이드라인을 발표했다. 같은 해 본회의에서 이 지침이 보고된 후 2007년 말 유엔 총회에서 중국도 이에 찬성하며 최종 승인되었다.

유엔 COPUOS의 우주 쓰레기 경감 가이드라인에서는 우주 비행체와 발사체 상단의 임무 계획과 설계 그리고 운용 단계에 적용하기 위한 총 일곱 개의 지침을 제시하고 있다.

첫 번째 지침은 정상 운용 중에 떨어져 나오는 쓰레기를 억제해야 한다는 것이다. 즉 우주 시스템을 개발할 때 쓰레기가 배출되지 않도록 설계하는 것이다.

두 번째는 운용 단계에서 파열 가능성을 최소화해야 한다는 것이다. 우주 비행체와 발사체는 우발적인 파열이 일어날 수 있는 고장 모드failure mode를 피하도록 설계되어야 한다.

세 번째는 궤도에서 우발적인 충돌 가능성을 억제해야 한다는 것이다. 발사체 단이 분리될 때 다른 인공우주물체와의 충돌 가능성을 예측하여 조정해 낙하시키거나, 궤도 정보가 잠재적 충돌 위험을 나타낼 때 발사 시간을 조정하거나 회피 기동을 고려해야 한다는 것이다.

네 번째는 의도적인 파괴나 기타 유해한 활동을 회피해야 한다는 것이다. 궤도에 있는 우주선이나 발사체를 의도적으로 파괴하거나 장기간 잔류하는 우주 쓰레기를 생성하는 유해한 활동을 피해야 한다. 의도적인 파괴가 필요한 경우에는 잔존 파편들의 궤도 수명을 줄이도록 충분히 낮은 고도에서 파괴를 행해야 한다.

다섯 번째는 탑재된 연료를 원인으로 하는 임무 종료 후의 파열 가능성을 최소화해야 한다는 것이다. 예를 들면 우주선의 임무 또는 수명이 다한 후에는 우주선에 들어 있는 모든 잔여 추진제를 제거함으로써 폭발 가능성을 경감해야 한다.

여섯 번째는 임무 종료 후 저궤도에서는 우주 비행체와 발사체의 장기 잔류를 제한한다는 것이다. 저궤도의 인공우주물체를 제거하기 위해 대기권에 재진입시킬 때는 위험 물질에 의해 일어나는 환경오염을 포함하여 인간이나 재산에 위험을 초래하지 않도록 상당한 고려가 필요하다.

마지막으로는 임무 종료 후 정지궤도에서 우주 비행체와 발사체의 장기 존속을 제한한다는 것이다. 즉 정지궤도 위에서 활동이 끝난 우주 비행체와 발사체는 정지궤도에 새로 진입하거나 떠다니는 다른 비행체에 간섭을 일으키지 않도록 다른 궤도로 이동시켜야 한다.

유엔의 우주 쓰레기 경감 가이드라인은 안전한 우주환경에 대한 신뢰를 촉진시키고 인류를 위한 우주 활동이 이루어질 수 있도록 각 국가의 양심에 따라 노력을 기울이길 촉구한다. 국제법상에서 지침guideline은 법적 구속력이 없어 이를 위반했다고 해서 법적인 제재를 가할 수는 없다.

각국은 유엔의 우주 쓰레기 경감 가이드라인을 이행하기 위한 자국만의 지침을 제정하기도 한다. 한국은 2020년에 지구 궤도에 버려지는 우주 쓰레기를 줄이기 위한 '우주 쓰레기 경감을 위한 우주비행체 개발 및 운용 권고안'을 발표했다. 대부분은 유엔의 우주 쓰레기 경감 가이드라인을 준용하고 있어 국제사회의 노력에 자발적으로 동참한다는 의의가 크다. 사실 이 권고안을 우주개발에 곧바로 적용하는 것은 우주 선진국이라 불리는 국가들도 하지 못한다. 그래서 유엔에서도 우주개발에 박차를 가하고 있는 우주개발 도상국에게는 우주개발 능력을 발전시키는 데 우선순위를 두도록 한다. 왜냐하면 지침을 제대로 따르려면 우주기술 역량이 먼저 확보되어야 하기 때문이다.

10

우주 쓰레기,
어떻게 처리할 것인가

우주 쓰레기, 청소해드립니다

2018년 일본에서 열린 국제우주잔해물조정위원회Inter-Agency Space Debris Coordination Committee, IADC에 간 적이 있다. 이바라키현의 쓰쿠바시에서 열렸는데, 연구와 교육을 위해 만들어진 계획도시라고 한다. 대전 연구단지와 비슷한 느낌이었다. 소행성을 탐사하는 '하야부사Hayabusa'를 제작한 일본우주항공연구개발기구의 쓰쿠바우주센터가 있는 곳이기도 하다.

나는 한국의 아울넷이 가동되면서 우주감시 장비와 관련한 국제 협력 등 우주위험 공동대응을 위한 워킹 그룹working group에 참석하기 위해 간 것이었다. 일본은 고성능 레이더를 새로 구축할 계획을 세우는 등 아시아 지역에서의 우주감시 협력 주도권을 확보하려는 노력을 다각적으로 시도하고 있었다.

회의 첫날, 우주 활동을 하는 일본의 여러 기관의 소개가 있었다. 그중에서는 우주 쓰레기를 청소하는 사업을 하겠다는 민간기업 아스트로스케일도 있었다. 인공위성 개발에 우주환경 보호라는 명분을 내세워 많은 투자를 받을 수 있겠다는 생각이 들었다. 인공위성 개발도 새로운 임무를 내세워야만 정부의 연구지원이나 투자를 받기가 쉽다. 아무래도 우주개발은 정부의 투자가 큰 비중을 차지하므로 새로운 임무를 발굴하고 그 임무를 통해 새로운 비전을 제시하는 것이 큰 효과를 얻는다. 실제로 아스트로스케일은 우주 쓰레기 청소 기업이라는 타이틀을 내건 벤처 정신을 높이 평가받았다.

아스트로스케일은 우주 쓰레기를 청소하는 인공위성을 만들어 2021년에 그 기능을 실험하겠다는 계획을 갖고 있었다. 실제로 2021년 3월 22일 아스트로스케일의 인공위성 엘사-dEnd-of-Life Service by Astroscale, ELSA-d가 발사되었다. 엘사-d는 거대한 자석을 싣고 나가 금속 성분의 우주 파편을 수거해 대기권에서 태우는 우주 쓰레기 청소위성이다. 이번 실험은 실제 궤도에 있는 우주 쓰레기를 목표로 하는 것은 아니고, 영국 서리대학교에서 설립한 위성전문업체 SSTL(Surrey Satellite Technology Ltd.)의 위성을 목표로 하는 추적 실험이다. 실제 궤도에 있는 우주 쓰레기를 청소하기 위해서는 먼저 그 우주 쓰레기의 소유국과 협의가 되어야 하고, 그 우주 쓰레기가 정확히 어디에 있는지도 예측하여 그 궤도로 접근해야 한다. 목표로 하는 궤도에 정확히 도착해 목표 위성에 랑데부와 근접 운영을 할 수 있어야만 제거를 위한 여러 기술을 쓸 수 있는 것이다. 현실적으로는 목표로 하는 인공위성의 궤도를 정확히 아는 것도 쉬운 문제가 아니어서 우주 쓰레기를 직접 제거하기란 매우 어려운 일이다.

우주 쓰레기 제거를 위해 필요한 기술은 RPOD 기술로, 랑데부(Rendevous)와 근접 운영(Proximity Operation) 그리고 도킹(Docking) 기술을 말한다. 더해서 궤도 조정을 통해 지구로의 재진입까지 안전하게 성공해야 비로소 우주 쓰레기의 직접 제거가 가능하다고 할 수 있다.

하지만 아직은 대부분의 우주 쓰레기 직접 제거 실험이 인공위성에 애초에 쓰레기를 달고 올라가 그것을 지정된 궤도에 먼저 올려놓은 상태에서 하는 수준이다. 그래서 대부분 실패 확률도 높지 않다. 엘사-d도 목표 위성과 함께 발사되어 궤도에서 분리과정을 거친 다음에 다시 쫓아가 잡아서 대기권으로 재진입시키는 기동 기술을 시도한다.

하지만 이러한 시도를 통해 RPOD 기술을 확보한다면 우주 쓰레기 제거뿐만 아니라 다른 여러 임무에도 적용할 수 있으므로 우주교통관리나 인공위성 운영 측면에서 기대하는 바가 크다.

최근에는 유럽우주기구가 스위스의 민간기업 클리어스페이스에 지구 저궤도에서 우주 쓰레기로 떠다니는 '베스파Vespa'를 청소하는 임무를 주었다. 베스파는 무게 112킬로그램의 베가Vega 로켓 상단의 위성 어댑터이다. 현재는 근지점 고도 670킬로미터, 원지점 고도 790킬로미터 부근에 있지만 2025년에는 이보다 궤도가 낮아질 것이라 예상된다. 클리어스페이스는 네 개의 팔을 가진 로봇 쓰레기 수집기Robot Junk Collector를 이용해 베스파를 붙잡은 뒤 우주 쓰레기와 함께 지구 대기권으로 재진입하는 방식을 계획 중이다(화보 16). 이 임무 또한 우주 쓰레기를 처리하기 위해 또 하나의 인공위성을 만들고 쏘아 올리는 셈이다. 클리어스페이스의 청소 임무에서 주목할 만한 점은 실제로 우주에 떠다니는 우주 쓰레기를 대상으로 직접 추적해서 수거를 한다는 것이다. 그만큼 더 정밀한 궤도 조정 기술이 필요할 것이다.

우주 쓰레기가 온다

우주 쓰레기를 처리하는 방법

우주 쓰레기 처리 문제는 더 이상 미룰 수 없는 전 지구적 차원의 노력을 필요로 한다. 다행히 우주 쓰레기 처리에 대한 관심은 날로 높아지고 있다. 최근에는 언론에서도 우주개발과 함께 우주 쓰레기에 대한 관심이 높아졌고, 특히 한국도 톈궁 1호 추락 당시 우주위험 경계경보가 발령되면서 우주 쓰레기로 인한 위험에 대한 인식이 매우 높아졌다.

그렇다면 실제로 우주 쓰레기를 처리할 수 있는 방법은 무엇일까? 우주 쓰레기를 처리하는 방법은 단 두 가지뿐이다. 하나는 지구 대기권으로 재진입시켜 완전히 연소시키는 것이고, 다른 하나는 다른 인공위성들이 전혀 사용하지 않는 궤도, 즉 운용 중인 인공위성에게 방해가 되지 않는 궤도로 옮기는 것이다.

위의 두 방법을 직접 실행하기 위한 방식에도 크게 두 가지 선택지가 있다. 첫째는 인공위성이 수명이 다했을 때 스스로 폐기를 실행하는 임무후처리Post-Mission Disposal, PMD 방식이다. 둘째는 우주 공간으로 청소용 인공위성을 보내 우주 쓰레기를 직접 제거하는 능동적제거Active Debris Removal, ADR 방식이다. 즉 아스트로스케일이나 클리어스페이스가 실험하고 있는 방법들이 두 번째 방식이다.

두 방식 모두 지구 대기권으로 재진입시켰을 때 지면으로 잔해가 떨어지지 않고 완전히 연소되려면 인공위성의 무게가 1톤 이하여야 한다. 발사체의 잔해물이나 우주정거장처럼 1톤이 넘는 인공우주물체는 대기권을 통과하더라도 파편이 지상이나 바다로 떨어진다. 우주에 버릴 쓰레기를 지구에 버리는 상황이 되는 것이다. 그래서 잔해물이 남지 않도록 대기권에서 완전히 연소되는 재질로 우주개발을 하는 방향도 연구할 필요가 있다.

저궤도에서는 지구 대기권으로 재진입시키는 것이 가장 적합한 방법이다. 하지만 고도가 1000킬로미터보다 높은 인공위성은 바로 대기권으로의 재진입을 실행하기가 어려울 수 있다. 추력기로 고도를 300킬로미터까지 순차적으로 낮추거나 한 번에 궤도를 낮추거나 해야 하는데, 이때에도 궤도 변화에 따른 다른 인공위성과의 충돌 위험을 고려해야 한다.

아무리 넓은 우주 공간이라도 인공위성이 자주 사용하는 궤도는 결국 한정되어 있다. 그렇기 때문에 비용을 들여서라도 버려진 우주 쓰레기를 치우는 일은 피할 수 없다. 앞으로 인공위성이 많아질수록 자국의 위성을 제 궤도에 계속 올려두기 위해 기존의 위성을 치우는 일이 자연스러운 과정이 될 것이다. 미리 선점한 자리를 뺏기지 않기 위해서 모두 발 벗고 나서서 인공위성을 치우려고 할 수도 있다. 정지궤도 위성들이 바로 그런 경우이다. 기존의 인공위성이 자리를 지키고 있다가 다음 인공위성이 올라오면 자리를 비켜주고 멋지게 무덤궤도로 퇴장해야 한다. 그렇게 하지 않으면 점점 앞으로 발사될 인공위성이 안착할 자리가 줄어들게 될 테니 말이다.

초대형 군집위성을 이용해 인공위성을 최대한 많이 발사해 한정된 궤도를 선점하는 것이 우주개발 경쟁에서 이길 하나의 방법이 될 수도 있다. 그렇게 되면 우주개발 후발국들은 인공위성을 운용하는 것을 포기할 수도 있다. 그 많은 위성의 틈을 비집고 들어가더라도 아마 끊임없이 접근 경고 메시지가 날아오는 것을 지켜만 봐야 할 것이다. 뿐만 아니라 우주의 영역을 민간기업이 점유해 다른 나라의 인공위성들이 그 위치를 사용할 수 없게 되는 문제 또한 고려해야 한다.

초대형 군집위성을 발사하는 민간기업들은 인공위성 몇 대가 고장 나거나 지구로 추락해도 개의치 않는다. 그런 실패 확률을 감안하여 그만큼 더 많이 위성을 내보내기 때문이다. 반면에 대부분의 우주개발국 인공위성들은 하나하나 중요한 임무를 맡아 발사되는 것이어서 우주 쓰레기와의 충돌로 기능을 잃는다면 그 피해가 아주 심각해질 수 있다.

특히 현대 사회의 실생활 전반에 적용되는 인공위성 서비스 중 하나라도 중단이 되었을 때 단순히 인공위성 하나를 잃는 비용보다 훨씬 더 큰 어마어마한 사회적 비용을 치러야 할 수 있다. 그래서 위협이 되는 우주 쓰레기 하나를 치우기 위해 또 하나의 인공위성을 내보내는 상황을 감내하는 것이다.

몇 센티미터밖에 되지 않는 우주 쓰레기라도 그 파괴력은 무시하지 못할 수준이다. 그러므로 우주 쓰레기의 위치를 최대한 많이 그리고 정확하게 파악하는 것이 중요하다. 우주 쓰레기의 위치를 관측하고 다음 위치를 예측할 수 있는 능력이 가장 필요한 것이다. 어떤 위험이 있는지를 적시에 예측해내야만 임무 후처리 방식이든 능동적제거 방식이든 어떤 방법이라도 써볼 수 있을 테니 말이다.

지상에서도 수많은 감시카메라를 통해서 도로 곳곳의 상황을 실시간으로 모니터링하여 도로교통 상황정보를 제공한다. 그 덕분에 목적지까지의 최단 경로를 파악하거나 사고가 난 지역을 피해서 갈 수 있는 것이다. 과속방지 카메라가 설치된 곳에서는 규정 속도를 유지하며 운전하도록 유도하고, 사고가 났을 때는 감시카메라를 통해 현장 상황을 바로 파악해 적절한 대처와 대응을 할 수 있도록 하여 교통상황을 안정시키는 것. 이 모두가 적절한 위치에서 상황을 보여주는 감시카메라와 그 정보를 빠르게 분석해내는 상황실 덕분이다.

우주에서도 마찬가지이다. 지금보다 더 정밀한 우주감시네

　　　　　　　　　　　　　우주 쓰레기가 온다

트워크가 지상에 더 촘촘히 만들어져야 한다. 우주에도 인공위성을 통해 상황을 전달할 수 있는 우주감시 전용 인공위성들이 곳곳에 배치되어야 한다. 그렇게 함으로써 우주의 교통상황을 관리해야 한다. 이것이 우주 쓰레기 문제를 해결하는 데 있어 가장 먼저 준비되어야 할 것이다.

그다음으로는 인공위성 개발 단계에서 우주 쓰레기를 처리할 방법을 고려하여 설계해야 한다. 최근에 개발되는 대부분의 인공위성은 인공위성의 궤도와 자세 기동을 위해서 연료와 추력기를 탑재하고 있고, 설계 단계부터 임무후처리 방식을 고려하여 개발되는 경우가 많다. 저궤도 위성은 임무를 다한 후 남은 연료를 사용해 궤도를 낮춰 지구 궤도로 재진입시킨다. 정지궤도 위성도 같은 방식으로 무덤궤도로 이동시킨다.

문제는 궤도 기동을 하지 않는 소형위성이다. 그래서 소형위성에도 임무후처리 방식을 사용하는 방법들이 많이 연구되고 있다. 대표적으로는 소형위성에 태양 돛이나 풍선을 부착한 다음 임무가 끝났을 때 태양 돛을 펼치거나 풍선을 부풀려 공기저항을 늘리는 방식이 있다. 이론적으로는 단면적을 확대하면 우주 쓰레기의 속도가 줄어들면서 궤도도 점점 낮아져 결국 대기권에 진입해 불타 없어진다. 하지만 단면적을 확대해야 하므로 또 다른 충돌 확률을 높이게 된다는 단점이 있다.

또 다른 방법으로는 일본이 계획했던 '전기역학적 끈 Electrodynamic Tether'을 사용하는 방식이 있다. 임무를 종료한 인공위성에서 전도성 끈을 내려서 지구 주변에 있는 플라스마의 전자와 반응시켜 지구 자기장의 힘으로 속도를 낮추고 대기권으로 떨어뜨리는 방법이다. 이 방식은 속도를 낮추는 효과가 작으면 궤도에 오랫동안 머물다가 떨어지게 되어 자연적으로 고도가 낮아지는 것과 큰 차이가 없을 수도 있다.

능동적제거 방식은 임무후처리 방식보다 경제적으로나 기술적으로 더 불리하다. 하지만 최근 많은 우주개발기관이 능동적제거 기술의 확보를 위한 연구 개발에 몰두하고 있다. 이러한 기술이 앞으로 우주교통관리 측면이나 우주에서의 평화적인 활동을 위해 필요하다고 여기기 때문이다.

가능하다면 한 대의 청소위성이 여러 개의 우주 쓰레기를 진공청소기처럼 빨아들일 수 있으면 좋겠지만, 여러 궤도에 퍼져 있는 우주 쓰레기를 찾아다니고 처리하는 청소위성을 만드는 것 자체가 어려운 일이다.

능동적제거 방식은 우주 쓰레기에 근접해 직접 접촉하여 포획하는 방법이다. 뉴스나 언론에서 가장 많이 다뤄지는 방식으로 그물이나 작살, 로봇팔 등을 이용하는 기술이다. 사실 능동적제거 방식의 핵심은 청소위성이 목표물인 우주 쓰레기에 접근할 수 있도록 위치와 속도를 잘 조절해서 우주 쓰레기와 RPOD를 하는 것이다. 즉 목표 위성에 랑데부와 근접 운영을 하고, 접촉이 필요한 경우에는 도킹을 하는 기동 기술이 가장 중요하다. 이에 더해 카메라나 라이더Light Detection and Ranging, LIDAR[24]를 이용해 물체의 형상이나 회전 속도를 파악할 수 있는 센싱 기술이 필요하다. 처리할 우주 쓰레기의 상태를 정확히 파악하는 것이 중요하기 때문이다. 우주 쓰레기가 일정한 축으로 자세가 유지되고 있다면 접근이 상대적으로 쉽겠지만 만약 임의의 축으로 회전하는 상태라면 접촉하여 붙잡는 방식을 실행하기는 어렵다.

우주 쓰레기에 잘못 접근하면 오히려 두 물체가 충돌해 우주 쓰레기를 양산하는 역효과가 일어날 수 있다. 그렇기 때문에 근접 운영을 위한 센서와 구동기 등의 핵심 기술이 확보되어야만 그물이든 작살이든 로봇팔이든 효용성을 가질 수 있다.

아마도 일반인에게는 RPOD와 관련한 기술을 설명하는 것보다는 우주에서 그물을 던지고 로봇팔이나 작살을 움직여 인공위성을 잡는 것이 더 흥미를 끌 수 있겠다. 그래서 보통 우리가 뉴스로 접하는 우주 쓰레기 청소 기술 실험은 이미 위치와 자세

---

[24] 매초마다 수백만 개의 레이저 빔을 발사하고 반사되는 빛을 분석함으로써 거리를 측정하는 원격감지 기술이다. 최근 자율주행 자동차의 주행 시스템에 필요한 핵심 기술로 널리 알려졌다.

를 파악한 대상을 목표로 이뤄진다.

2018년 10월 영국의 위성전문업체 SSTL이 우주 쓰레기 포획 실험에 성공했다는 소식이 들렸다. 파편을 제거한다는 뜻의 '리무브데브리스RemoveDebris'라는 이름을 가진 소형위성으로 총 네 가지의 우주 쓰레기 포획 기술을 실험한 것이었다. 그중 세 가지는 그물로 포획하는 실험과 카메라와 라이더를 이용해 파편을 추적 관찰하는 실험 그리고 작살을 던져 파편에 명중시키는 실험이었다.

임무를 좀 더 자세히 살펴보면, 사실 리무브데브리스도 실험을 위해 우주 쓰레기 역할을 할 큐브위성 DS-1을 본체 위성과 함께 발사했다. DS-1을 리무브데브리스와 7미터 떨어진 거리에 두고 그물로 포획하는 실험을 진행했다. 로봇팔을 이용한 실험도 10미터 떨어진 곳에 큐브위성을 두고 줄이 연결된 작살을 발사해 맞춰서 수거하는 방식으로 진행되었다. 리무브데브리스는 RPOD 기술보다는 인공위성에서 로봇팔이나 작살을 안정적으로 동작시키는 데 초점을 두었다고 할 수 있다. 포획하기 위한 그물을 안정적으로 펼치는 것이나 작살이 목표에 정확히 고정되는지 그리고 줄로 연결된 작살이 우주 쓰레기에 부착되었을 때 그 충격이 모체 인공위성에 영향을 주는지 등 여러 상황을 확인할 수 있었을 것이다.

세 가지 실험은 모두 성공적이었다고 한다. 마지막 남은 실험 하나는 포획한 우주 쓰레기를 대기권으로 재진입시켜 태워버리는 것이다. 2019년 3월 4일 마지막 실험을 위해 공기저항을 극대화하는 10제곱미터 크기의 돛을 펼쳤다. 이 돛이 에어 브레이크 역할을 하여 지구 궤도에 존재하는 희박한 대기에 대한 저항력을 증가시킨다. 그렇게 별도의 연료를 사용하지 않고도 대기권으로 빠르게 진입시킬 수 있다. 현재 리무브데브리스는 고도 360킬로미터에 있다. 이제 수개월 내로 마지막 실험도 성공적으로 마칠 수 있으리라 기대한다.

우리가 집에서 청소할 때를 생각해보자. 물건을 제자리에 정리하고, 청소기를 돌리고, 걸레로 먼지를 닦고, 재활용 쓰레기를 분리하고, 쓰레기를 종량제 봉투에 담아 지정된 곳에 내놓는다. 그렇게 내놓은 쓰레기들은 쓰레기 소각장으로 운반될 것이다. 이러한 일련의 과정을 거쳐 쓰레기가 처리된다. 우주에서도 우주 쓰레기를 청소하기 위해 거쳐야 하는 과정이 있다.

아직은 개념 단계의 아이디어들이 나오는 수준이지만 하나씩 실험 단계를 거쳐 성공적인 결과를 얻는다면 앞으로 우주 쓰레기를 처리하는 새로운 방법들도 다양하게 나오지 않을까. 이런 방식들을 활용해 우주 쓰레기를 청소하겠다는 기업들도 나타나고 있으니 앞으로 기술의 발전이 어떻게 이뤄질지 기대가 된다.

인공위성을 폐기하는 올바른 방법

누구나 이사나 집 정리를 하면서 나오는 쓰레기들을 어떻게 처리할지 고민해본 적 있을 것이다. 소형 폐기물은 무상 수거를 해주는 곳도 있지만, 대형 폐기물은 배출 신고를 한 후 비용을 치러야 수거해간다. 자동차를 폐차할 때도 마찬가지이다. 만약 버리는 자동차를 폐차하지 않고 장기간 무단으로 방치하면 범칙금이나 벌금형을 받을 수도 있다. 무단으로 방치된 차량은 주차 자리를 차지할 뿐만 아니라 폭발 사고의 위험도 있어 주위에 불편을 끼친다. 이처럼 우리 일상에서도 쓰레기를 처리하기 위한 절차와 과정이 정해져 있다.

우주에서는 어떨까? 인공위성을 우주로 쏘아 올릴 때는 우주법에 따라 인공우주물체 정보를 국가에 등록하고, 국가는 유엔에 이를 다시 등록하는 절차를 밟는다. 그런데 인공위성을 폐기하기 위한 절차는 현재로서는 없다.

인공우주물체는 임무를 종료한 후에 남은 연료를 사용해 지구 궤도로 안전하게 재진입하는 폐기 기동을 수행한다. 이때 우주정거장처럼 크기가 큰 인공우주물체의 경우에는 안전하게 지상으로 떨어지는지를 감시하기 위해 관측 정보와 예측 정보를 국제적으로 교환하며 협력하는 대기권 재진입 캠페인을 진행하

　　　　　　　　　　　우주 쓰레기가 온다

기도 한다.

하지만 대부분의 인공위성은 별도로 폐기 절차를 밟지 않는다. 임무가 종료된 후 지상과의 통신이 끊기면 수명이 다한 것으로 보고 지상에서는 운영을 중단한다. 결국 우주에 그대로 방치되는 것이다. 지금 우주에 떠다니는 수많은 파편과 다 쓰고 남겨진 인공위성 모두 별다른 폐기 절차 없이 쓰레기를 그대로 방치한 결과라고 할 수 있다.

지금도 그리고 앞으로도 계속 인공위성이 발사되고 있고 발사될 텐데, 그 인공위성들이 모두 임무를 다하고 그대로 방치된다면 우주는 정말 쓰레기 대란을 맞이할 수도 있다.

유엔의 우주 쓰레기 경감 가이드라인에서는 저궤도와 정지궤도에서 우주 쓰레기가 장기 잔류하는 것을 제한하고 있다. 저궤도의 경우에는 25년 안에 지구 대기권으로 재진입시켜야 한다는 지침이 있긴 하지만 이를 지키기 위해서는 고도 500킬로미터 이하에서만 위성을 운용하거나 아니면 임무 종료 후 궤도 조정을 통해 인위적으로 고도를 낮춰야 한다. 그러나 쏘아 올려지는 인공위성의 대부분이 이를 지키지 못하고 있다.

앞으로는 유엔에서도 인공위성 폐기 절차에 대한 논의가 시작될 것이다. 단순히 궤도 수명을 제한하는 것이 아니라 임무가 끝나면 정해진 폐기 절차를 수행할 수 있는 기능을 인공위성

설계 단계에서부터 반영하도록 확인하고, 임무가 종료되면 폐기 절차를 시행한다는 신고를 하고 정식으로 폐기 기동을 수행하도록 해야 한다.

미국 미들베리칼리지와 콜로라도 볼더대학교의 공동 연구진은 2020년 5월 국제학술지《미국국립과학원회보Proceedings of the National Academy of Sciences, PNAS》에 〈궤도 사용 요금이 우주산업의 가치를 네 배 이상 높일 수 있다Orbital-use fees could more than quadruple the value of the space industry〉라는 논문을 발표했다. 그 내용에는 지구 궤도를 도는 모든 인공위성에 대한 '궤도 사용료orbital-use fees'를 부과하자는 제안이 있었다. 지구 궤도가 혼잡해짐에 따라 충돌 위험이 증가하고 있으므로 이를 해결하기 위한 기술을 개발하는 비용을 인공위성을 쏘아 올려 궤도를 사용하고 있는 사업자들에게 부과하자는 것이다.

'우주 쓰레기 종량제'를 시행하자는 주장도 있다. 사실 우주 쓰레기의 대부분이 몇몇 우주개발 선진국의 소유이다. 이들 때문에 몇 대의 인공위성만을 보유한 우주개발 도상국들이 우주 활동에 제한을 받고 있는 실정이므로 인공위성 발사 횟수에 비례해 우주환경 정화 비용을 부담하자는 주장이다. 지구 궤도에 있는 인공우주물체의 88퍼센트가 미국, 러시아, 중국의 소유이다. 실제로 이러한 상황 때문에 한국과 같은 후발 국가들이 우주개발에 대한 부담을 많이 느끼고 있다. 우주환경 보호에 대한 국제적인 논의가 제대로 진행되지 않는 것도 이미 우주를 선점하고 있는 우주 선진국들이 필요를 느끼지 못하기 때문일 수도 있다.

우주 공간은 인류 공동의 자산이므로 현재는 우주 공간을 사용하는 데 비용을 따로 받고 있지 않다. 하지만 우주 쓰레기를 방지하기 위한 새로운 정책에 대한 논의는 국제사회에서 계속될 것이다.

11

우주로 나가는 기회를 만드는
올바른 방식

우주상황인식이 필요한 때

제2차 세계대전 초기 독일과 연합군 장교들은 공격을 받은 전투기 조종사 중 상당수가 전투기가 파괴되고 나서야 공격을 받았다는 사실을 인지한다는 것을 알게 되었다. 전투기가 파괴되기 전에는 공격을 받고 있거나 표적이 되었는지도 몰랐다는 것이다. 미국 공군의 연구에 따르면, 한국전쟁과 베트남전쟁 중에 총에 맞은 비행기의 80퍼센트 정도가 공격의 낌새를 미리 눈치채지 못했다고 한다. 조종사들이 전투기가 총에 맞은 후에야 공격

우주 쓰레기가 온다

을 받고 있음을 깨닫는다는 사실은 주변의 상황을 미리 제대로 파악하지 못했음을 의미했다. 1970년대 중반 미국 전투기 조종사들은 이러한 치명적인 무지를 '상황인식Situational Awareness' 부족이라고 불렀고, 이후 '상황인식'이라는 단어는 미 공군의 전문용어로 사용된다. 1980년대에는 상황인식이 전투기 조종사의 생존에 필수 요소이고, 이를 위해 충분한 정보를 보유해야 한다는 것을 알게 되었다.

상황인식은 우주 공간에서도 그대로 적용할 수 있다. 인공위성 주변의 우주환경을 명확하게 파악하고 변화와 잠재적 위협을 감지하는 것, 즉 '우주상황인식Space Situational Awareness, SSA'이 필요한 것이다. 우주상황인식이란 유인 우주선이나 궤도를 도는 인공위성이 안전하게 임무를 수행할 수 있도록 잠재적 충돌 혹은 파괴 위험 등을 예측하고 방지하는 모든 활동을 말한다.

우주물체를 광학망원경이나 레이더를 이용해 감시하고, 정보를 분석해 위치를 알아내고, 인공우주물체의 추락 위험이나 인공우주물체 간의 충돌 위험, 소행성이나 혜성과 같은 자연우주물체와의 충돌 위험까지 예측할 수 있어야 한다. 태양 표면에서 대규모로 에너지와 물질이 분출돼 인공위성이나 인간의 생명 또는 건강을 위협하는 태양 폭풍과 같은 현상을 예측하는 것도 우주상황인식에 포함된다.

지구 주위의 우주환경에 대한 정보를 얻고, 우주물체를 관찰하고 분석해 우주로부터의 위험을 예측하고, 우주위험에 대응하는 일련의 활동은 안전한 우주 활동뿐만 아니라 지구에서의 안전한 삶을 위해서도 반드시 필요하다.

우주상황인식에 있어 가장 중요한 우주물체를 감시하고 관리하는 설비들은 대부분 미국이 가지고 있다. 미국은 전 세계에 우주감시네트워크를 구축해서 모든 우주물체에 대한 정보를 파악하고 있다. 아직은 미국 정부가 우주물체의 위치 정보를 무료로 제공하지만 공개하고 있는 우주물체의 궤도 정보는 몇 시간만 지나도 수 킬로미터, 이삼일만 지나도 수십에서 수백 킬로미터까지 차이가 난다. 실제 관측한 자료에 일반적인 섭동력만 고려한 평균 궤도를 공개하기 때문이다. 그리고 우주물체로 등록된 정보 중 군사 목적의 정찰위성이나 보안상 중요하다고 판단된 우주물체에 대해서는 궤도를 공개하지 않고 있다. 전 세계적인 네트워크를 보유한 유일한 국가이므로 대부분 나라는 미국이 제공하는 정보에 의지할 수밖에 없다.

러시아나 중국, 유럽 등 우주물체 감시 장비를 보유한 일부 국가는 자체적인 우주물체 목록을 가지고 있기도 하다. 미국처럼 공개를 하지는 않고 있어 그 목록을 제공받으려면 각 나라와 협약을 맺어야 한다. 하지만 미국처럼 모든 우주물체를 감시하는 것이 아니다 보니 한계가 있다.

　최근에는 미국과 협약을 맺은 위성 운영자들에게 운용하고 있는 인공위성에 우주물체가 근접하면 경고 메시지를 보내주기도 한다. 이 정보도 위성 운영자들에게 참고가 되기는 하지만 실제로 사용할 만한 정확한 정보는 아니다. 왜냐하면 미국이 관측한 정보를 바탕으로만 분석되기 때문이다. 위성 운영자가 알고 있는 자세한 정보가 반영되어야 더 정확한 분석이 가능한데, 서로가 인공위성의 궤도 정보를 실시간으로 공유하기는 어렵다.

　그래서 최근 유엔에서는 각 나라가 가진 우주 자산을 보호하기 위해서 우주상황인식 활동과 정보를 서로 공유하자는 논의가 진행되고 있다. 정보 공유가 필요하다는 데는 모두가 공감하지만 사실 실제로 정보 공유가 활성화되기까지는 많은 시간이 걸릴 것 같다. 서로의 이익에 부합해 정보 공유가 이뤄져야 하는데, 지금은 우주 상황에 대한 정보를 전적으로 미국에 의존하고 있어 각 나라가 정보 공유의 균형을 맞추는 것이 매우 어렵기 때문이다. 하지만 여러 우주 선진국은 우주상황인식을 우주개발의 한 부분으로 인식하고 우주위험의 원인이 되는 물체들을 파악하고 상황을 이해하려 노력하고 있다.

　물론 모든 나라가 미국처럼 우주물체를 전부 다 파악하고 감시할 필요는 없다. 하지만 자국의 우주 자산을 지킬 수 있는 최소한의 정보는 파악해야 한다. 한국도 우주물체전자광학감시 네트워크 아울넷을 구축하면서 일부 우주물체의 궤도를 관측할 수 있는 우주상황 정보를 생성하는 국가가 되었지만, 여전히 대부분은 미국이 공개하는 정보에 의존하는 상황이다. 다만 한국은 우주물체의 추락이나 충돌 위험을 예측하는 궤도 분석 능력이 매우 뛰어나서 정밀하게 관측된 정보만 있다면 분석은 정확하게 해낼 수 있다. 이미 톈궁 1호 추락을 예측하면서 우리가 가진 궤도 분석 능력이 얼마나 우수한지 검증한 바 있다. 그러니 우리가 보유한 뛰어난 분석 능력을 잘 발휘하려면 관측소가 있는 나라들과 협력해 정보를 공유하는 것이 중요하다. 다행히도 우리가 자체적으로 생성하는 정보들 덕분에 우주상황인식 정보를 공유하려는 국제사회의 장에 참여할 수 있다.

한국도 국가의 우주개발 계획에 우주발사체와 인공위성 개발뿐만 아니라 우주감시 능력을 확보하려는 계획을 포함했다. 우주위험대비기본계획을 통해서 우주물체를 감시하는 광학망원경과 미확인 우주물체를 감시할 수 있는 레이더를 구축하려는 계획을 세워두었다. 물론 아직은 계획에 머무르고 있지만 곧 실천할 수 있으리라 기대한다. 최근 우주개발 경쟁이 심해지고 우주환경이 혼잡해지면서 우주위험 문제를 더는 외면할 수 없는 상황이기 때문이다.

우주에도 교통관리가 필요하다

100년 전 미국 뉴욕의 거리는 마차와 함께 점점 자동차가 대중화되었다. 1920년대 들어서는 마차가 사라지고 자동차가 급격히 늘어났다. 자동차 이용이 폭발적으로 증가한 만큼 도로도 복잡해졌다. 서울은 1970년 경부고속도로가 세워진 이후 오늘날에는 왕복 4차선이 왕복 12차선으로 확장되어도 모자랄 만큼 많은 자동차가 다니고 있다. 〈2019년 기준 세계 자동차 통계〉 연보에 따르면 전 세계에서 운행 중인 자동차 수가 10년 동안 52퍼센트 가까이 증가해 약 14억 9000만 대라고 한다. 늘어난 자동차로 붐비는 도로이지만 이제 핸드폰 앱을 통해 실시간으로 교통정보를 파악하고 원하는 목적지까지 가장 빠른 길을 찾아서 갈 수 있다. 목적지까지 얼마나 시간이 걸릴지도 교통상황을 파악해 예측할 수 있다.

비행기도 세계 각 나라를 운항하며 지구촌을 하나로 이어주고 있다. 그리고 이러한 비행기의 안전하고 효율적인 운항을 돕는 항공교통관리air traffic management가 있다. 비행 계획부터 이륙 허가나 이상 상황을 알려주는 역할까지 하늘길의 교통을 책임지는 모든 임무를 수행한다. 지상과 비행기와의 지속적인 교신을 통해 비행기의 이착륙부터 운행 중인 비행기들 간의 충돌도 막아 안전한 비행을 유도하고 관리한다.

바다에서도 마찬가지이다. 항행하는 선박의 안전과 해상 교통의 관리, 해양환경 보호까지 해상교통관리marine traffic management를 중심으로 이루어진다.

이처럼 인류의 이동수단은 말과 마차에서 자동차, 증기기관차, 배와 비행기로 지속적인 발전을 이루어왔다. 새로운 교통수단은 지구촌을 하나로 연결하며 인류의 삶을 바꾸었다. 그리고 21세기에 또 하나의 새로운 교통수단이 등장한다. 바로 지구와 우주를 연결하는 우주교통이다.

우주비행의 진화는 과거 자동차와 비행기의 발전보다 더 빠르게 진행되고 있다. 우주 공간을 사용하는 새로운 방법, 새로운 유형의 우주 활동, 새로운 사용자 그리고 새로운 기술적 도전들이 생겨나고 있다. 더불어 그에 대한 새로운 규제 사항들도 만들어지고 있다.

우주교통관리는 크게 세 단계로 나눌 수 있다.

첫 번째는 발사 단계이다. 우주발사체를 발사하기 전에 인공위성의 등록과 통지, 우주발사체 발사 후 로켓 상단의 처리까지가 이 단계에 포함된다. 우주발사체의 연료통이나 인공위성을 보호하고 있던 페어링의 분리 그리고 인공위성을 최종 분리한 마지막 로켓 상단의 재진입까지도 관리 대상이다.

우주 쓰레기가 온다

두 번째는 지구 궤도에서의 단계로 임무를 마칠 때까지 운영하는 동안의 관리를 말한다. 인공위성의 궤도 정보를 공유하거나 충돌 위험이 있을 때 회피 기동을 하는 것 등이 포함된다.

세 번째는 인공위성이 임무를 마치고 지구 궤도로 재진입하거나 폐기 기동을 통해 무덤궤도로 이동하는 등의 사후 관리 단계이다. 우주 쓰레기 경감 방안이나 능동적인 제거 방안들을 다루며, 모두 우주감시를 통해 획득한 궤도 정보를 바탕으로 이루어진다.

우주교통관리는 2016년 유엔 산하의 COPUOS 법률소위원회에서 정부 간의 논의로 시작되었다. 인공위성이 매우 급격히 늘어나고 있고, 이로 인해 우주 쓰레기의 숫자도 증가하고 있어 위성이 몰리는 지구 궤도 영역은 더욱 혼잡해지고 있는 상황이다. 각 국가도 자국의 인공위성을 안전하게 운용하기 위해 우주교통관리의 필요성을 느낀 것이다. 자동차는 한 국가 내에서 이동하는 경우가 대부분이므로 각 국가가 관리할 수 있지만 지구 궤도를 도는 인공위성은 한 나라만 주의한다고 해서 안전한 운용이 보장되지 않는다. 우주에서 일어나는 모든 관리는 국제적인 협력을 통해야만 가능하다. 국제적인 우주교통관리 체계가 필요한 것이다.

우주교통관리 체계에는 우주상황인식이 밑바탕이 되어야

한다. 우주물체에 대한 정보 없이는 어떠한 관리도 할 수 없기 때문이다. 인공위성 발사, 궤도 비행, 능동적인 궤도 이탈이나 인공우주물체의 수명 등 기본적인 우주상황인식 정보를 국제적으로 공유할 필요가 있다. 이러한 데이터들을 기초로 발사체 발사 시 안전 규정이나 유인 우주선에 대한 안전 규정, 인공위성 궤도 선택과 기동에 있어서의 우선권 등 여러 영역에서 규칙을 정한다. 더불어 우주 쓰레기 감소를 위한 방안과 지구 대기권으로 재진입하는 우주물체의 안전한 추락에 대해서도 공동으로 대응할 방법을 찾아야 한다.

현재 미국 연합우주작전센터에서는 우주교통관리의 일환으로 우주감시네트워크를 통해 획득한 정보들을 분석해서 우주물체의 접근 경고 메시지Conjunction Data Message를 제공하고 있다. 이리듐 33호와 코스모스 2251호의 충돌로 발생한 파편들은 현재 한국의 다목적실용위성들과 근접한 궤도에 분포되어 있기도 해서 접근 경고 메시지를 받는 경우가 자주 있다. 최근에는 스타링크 위성이 급격히 증가하면서 아리랑위성 3호와 5호에도 스타링크 위성의 접근 경고 메시지가 오기도 했다. 물론 메시지가 온다고 해서 반드시 충돌한다는 것은 아니다. 실제로 충돌할 확률이 높지는 않지만, 현재까지 파악된 우주 상황을 알려주는 데 의의가 있다.

2019년에는 유럽우주기구도 스타링크 44 위성이 접근하고 있다는 경고 메시지를 받고 아이올로스Aeolus 위성의 고도를 높이는 충돌 회피 기동을 수행했다. 유럽우주기구는 접근 경고 메시지를 받고 스페이스 엑스 측에 연락했지만 조치할 계획이 없다는 답변을 받아 아이올로스를 기동시킨 것이다. 아이올로스가 실제로 회피 기동을 통해 충돌을 면한 것인지는 확인이 불가능하다.

한국의 인공위성을 보호하라

오늘날 지상에서 우주를 감시해 관측할 수 있는 정보에는 한계가 있다. 관측이 되었다고 해서 그 인공위성이 다음에 어디에 있을지를 정확히 아는 것은 센서로부터 정확한 정보가 확보되었을 때만 가능하다. 레이저 추적 망원경을 이용해 아주 정밀하게 관측해야만 하루에서 이틀 정도 수십 센티미터의 오차로 예측이 가능한데, 레이저 추적 망원경은 레이저 반사경을 탑재한 인공위성만 추적이 가능하다. 추적이 되더라도 여러 번 관측해야만 궤도 정보를 얻을 수 있기 때문에 실질적인 충돌 예측 정보로는 한계가 있다. 광학으로 관측한다고 해도 수십 미터의 궤도 결정 오차는 다음 날이 되면 수백 미터로 증가할 수 있다. 레이더라면 광학보다 열 배 정도 정밀도가 낮아서, 관측된 수백 미터의 궤도 결정 오차 정보는 다음 날 수 킬로미터의 차이를 발생시킬 수 있다.

지금의 우주감시 센서 기술로는 정밀한 충돌 회피 기동이 불가능한 셈이다. 때로는 충돌을 피하려다 다른 위험에 노출될 확률이 더 높을 수도 있다. 레이저 관측을 통해 얻을 수 있는 수십 센티미터의 정밀도가 아니면 어떠한 충돌 회피 기동도 하지 않는 편이 더 낫다는 연구 결과도 있다. 실제로 궤도를 조정한다고 해서 충돌 확률이 낮아지지는 않는다는 것이다. 하지만 접근 경고 메시지가 배포된 초반에는 많은 나라가 이 경고 메시지를 받고 충돌 회피 기동 기술을 시험해보는 사례들이 있었다.

한국도 접근 경고 메시지를 받기 시작한 초기에는 메시지 자체만으로도 충돌 위험에 대한 관심이 높아져 충돌 가능성이 낮은데도 불구하고 회피 기동을 하기도 했다. 2018년에 중국의 발사체 파편이 접근한다는 메시지를 받고 아리랑 5호의 충돌 회피 기동을 수행한 것이다. 2019년에는 과학기술위성 3호가 충돌 회피를 위해 자세를 제어하는 노력을 보이기도 했다. 자체 추력기가 탑재되지 않은 위성이기 때문에 접근 경고 메시지가 왔을 때 그저 충돌하지 않기만을 바라야 했다. 이런 상황에서도 가능한 최적의 대응 방안을 고민한 결과, 충돌 가능 면적을 좁히기 위해 자세 제어를 시도한 것이다. 하지만 자세 제어는 실제로는 충돌 회피와는 전혀 관계가 없다. 인공위성이 어디를 지나가는지에 대한 정보의 오차 범위가 수 킬로미터인 상황에서 1미터 정도 크기의 인공위성이 자세를 변환하는 것은 큰 영향을 줄 수 없기 때문이다.

앞으로 인공위성들은 충돌 위험에 대비하기 위해 궤도 조정을 위한 추력 장비를 필수적으로 탑재해야 할 수도 있다. 궤도 조정을 위한 추력 장비는 임무 마지막에 궤도 조정을 통해 지구 대기권으로 재진입하는 데에도 쓰일 수 있으므로 곧 장착 의무화가 추진될 것이다. 그래야만 우주교통관리가 제대로 실현될 수 있다.

미국은 2018년 우주교통관리 정책을 담은 우주정책지침 3 Space Policy Directive 3을 발표했다. 미국이 민간 부문의 상업적 우주 활동을 지원하고 국제적으로 선도적 지위를 유지하기 위해 오히려 강력한 규제 개혁을 단행한 것이다. 특히 우주교통관리에 대한 종합적인 정책을 승인했다. 우주에서의 경쟁이 치열해지고 우주 활동이 다양화되면서 국가 안보뿐만 아니라 공공 부분에 걸쳐 우주 자산에 대한 의존도가 높아지고 있는 상황이다. 그래서 우주 자산을 보호하고 우주 쓰레기가 생기는 것을 방지해 우주물체 간 충돌 위험을 줄임으로써 안전하고 안정적이며 지속 가능한 우주 활동이 가능하도록 하려는 것이 주요 내용이다.

한국도 인공우주물체의 충돌과 추락 위험에 대해 오래전부터 인식하고 있었고, 2014년에 이러한 우주위험에 대비하기 위한 '제1차 우주위험대비기본계획'을 발표하기도 했다. 이 계획은 광학이나 레이더와 같은 관측 인프라와 우주물체의 추락 및 충돌 위험 분석을 통해 우주위험에 선제적으로 대응하겠다는 계획이다. 이 계획에 따라 2015년에 한국천문연구원이 우주위험 감시 업무를 전담으로 하는 우주환경 감시기관으로 지정되어 우주위험 감시센터를 운영하고 있다.

우주상황인식과 우주교통관리는 국제 협력 없이 독자적으로 하는 것이 어렵다. 그러므로 우리는 안전한 우주 활동을 위한 국제 협력 체계에 적극 동참해 한국의 인공위성을 보호해야 한다.

우주 안보가 중요한 이유

미소 우주 경쟁 시대에 양국이 우주개발을 했던 중요한 이유 가운데 하나는 군사적인 우위를 점하기 위해서였다. 적을 알고 나를 알면 백전백승이라고 했던가. 군사적 우위는 결국 군사작전 수행을 위한 정보 수집 능력에 달려 있다고 해도 무방하다. 그렇기에 상대국의 상공을 자유롭게 다닐 수 있는 인공위성은 군사적으로 대단히 중요한 역할을 했다.

인공위성을 실어 나르는 로켓은 우주발사체이지만, 인공위성 대신 핵탄두를 실은 로켓은 핵미사일이 된다. 과학적인 목적이나 실생활의 편의를 위한 임무를 수행하는 지구관측위성이나 통신위성, 항법위성 같은 위성들도 그 기술적 원리 그대로 군사 목적에 적용하면 정찰위성, 군사통신위성, 군사항법위성이 된다.

우주개발이 곧 군사력으로 연결된다는 사실은 우주 시대의 역사에 그대로 드러나 있다. 1990년대 미소 냉전이 종식될 때까지 전체 인공위성의 30퍼센트가 미국과 소련의 군사위성이었을 만큼 우주개발은 주로 양 국가의 안보 측면에서 활용되었다. 냉전 이후에야 실생활에 활용되는 실용위성의 발전과 우주산업 발전을 위한 우주개발이 이루어졌지만, 그와 동시에 미국과 러시아 외에 중국, 일본, 이스라엘 등 다른 많은 나라도 군사 목적의 인공위성들을 보유하게 되었다.

군사위성은 저고도 비행을 통해 정찰하고자 하는 지점의 고해상도 영상 정보를 수집하는 정찰위성과 거리 및 시간에 관계없이 사령부와 작전 중인 군이 통신할 수 있게 하는 통신위성 그리고 아군의 위치를 어디서든 1미터 이내로 정확하게 알려주는 항법위성까지 다양한 임무를 수행하고 있다. 그래서 군사위성의 능력이 군의 작전 성공 여부에 결정적인 영향을 미친다. 군사력에 있어서 인공위성에 대한 의존도가 급격히 높아지게 된 것은 당연한 결과이다.

인공위성이 군사 목적으로 이용되는 만큼 의도적인 공격 위협에 노출되기도 한다. 만약 주요한 역할을 하는 특정 위성들이 선별적으로 공격을 받게 된다면 군사작전 능력의 저하뿐만 아니라 파국적인 결말에 이르게 될지도 모른다. 그러므로 우주 공간에서 인공위성에 위협이 되는 군사행동을 제한하는 것은 모든 나라의 관심사이다. 우주의 평화를 위해서는 우주위협에 대응할 우주 안보 능력이 필수이다.

이미 우주에는 우주 쓰레기와의 충돌이나 인공위성의 추락, 태양풍에 의한 전자통신기기의 영향 등 국민의 안전이나 우주 자산에 피해를 줄 수 있는 위험들이 많다. 그런데 이에 더해 운용 중인 인공위성을 의도적으로 파괴하거나 지상의 특정 지역으로 인공위성을 추락시키는 군사적 위협이 발생할 수 있는 것이다.

지상과 우주의 평화를 깨뜨리는 군사적 우주위협에는 통신 위성이나 항법위성의 전파를 교란시키는 전자기 공격이나 킬러 위성,[25] 위성요격 무기, 레이저 무기 등이 있다. 인공위성 자체를 직접 파괴하는 방식뿐만 아니라 특정 지역에 우주잔해물을 낙하시키는 방식도 있다.

우주의 평화적 이용을 위한 협력을 강조하지만 이를 위해서는 결국 우주위협에 대응할 수 있는 강한 우주 안보 능력이 필요하다. 최근 한국 국방부와 군에서도 우주위협에 대응하는 국방 우주력을 키우는 데 관심을 갖고 준비해나가고 있다. 2020년 1월 1일부터 한국 국가정보원도 우주 공간으로 정보활동의 영역을 확장하면서 우주 정보와 우주 자산을 보호하기 위한 보안 임무를 수행하게 되었다. 이제 우주는 과학기술과 국가 안보, 국방 등 모든 영역에 걸쳐 본격적인 활동이 시작되는 공간이다. 우주 감시와 우주상황인식이 더욱더 중요해지고 있다.

우주위험 감시, 우주상황인식, 우주교통관리, 우주군 모두 우주로 나가는 기회를 만들어가는 과정이다. 우주로 나가는 에스컬레이터가 있다면 다른 선진국들은 벌써 그 에스컬레이터에 올라타 목적지로 향하고 있는 상황이다. 아직 올라타지 못했다면 우주 활동에서의 격차는 더 벌어질 수밖에 없다.

---

25   적대국의 인공위성을 공격하여 파괴하기 위한 임무를 지닌 군사 목적의 인공위성을 말한다.

우주의 안전과
평화를 지키는 우주군

만약 적이 고도 2만 킬로미터에서 인공위성의 항법 신호를 교란하거나 심지어 위성 자체를 파괴한다면 어떻게 될까? 인공위성이 적의 공격을 받아 우리가 일상생활에서 GPS를 사용할 수 없게 된다면? 스마트폰, 내비게이션뿐만 아니라 항공기, 선박 등 이미 우리 생활 곳곳에 사용되고 있는 GPS는 이러한 전파 방해의 위협에 노출되어 있다. 만약 이 장비들이 기능을 멈춘다면 큰 사회적 혼란을 피할 수 없을 것이다.

재밍jamming은 주파수를 탐지해 그 대역에 강한 전력 신호를 보내 통신 체제를 방해하거나 오작동을 일으키는 전파 교란 기술을 말한다. 실제로 2011년 군사분계선에 인접한 북한 지역에서 발사된 GPS 교란 전파 때문에 서울과 인천, 파주 등 일부 지역에서 휴대전화의 시간이 맞지 않거나 통화 품질이 저하되는 등 경미한 수준이지만 장애 현상이 발생했다.

전파 교란의 위협에 대응하기 위한 기술도 있는데, 항재밍anti jamming이라고 부른다. 전파 교란을 상쇄해 원래대로 동작하도록 하는 기술이다. 창과 방패처럼 전파를 교란하는 재밍 기술이 나오면 반대로 전파 교란을 방어하는 항재밍 기술을 개발해 대응한다.

우주 공간을 이용하는 군사 안보 측면에서는 지상의 표적이나 우주 공간의 자산에 대해 지상에서 우주로, 우주에서 지상으로 그리고 우주에서 우주로 가해지는 우주위협에 대응해야 한다. 그중 지상에서 레이저나 미사일을 이용해 우주의 인공위성을 파괴하는 위성요격 무기 체계가 있다.

1960년대 소련이 위성요격 레이저를 개발하고 지대공미사일을 이용해 미국의 정찰위성을 격추하는 등 실제로 수차례에 걸쳐 위성요격 무기 실험이 있었다. 가장 많이 알려진 위성요격 사건은 앞에서도 언급했던 중국의 펑윈 1C 격추 실험이다. 자국의 위성을 파괴한 실험이었지만 이러한 위성요격 기술은 언제든 다른 나라의 위성을 무력화할 수 있는 무기가 될 수 있다.

미사일만큼 위성요격 무기로 개발되는 것이 고출력 레이저이다. 저궤도 위성의 센서 기능을 훼손하거나 위성에 위협을 가할 만한 고출력의 레이저를 발사하는 것이다. 지상에서 발사하거나 항공기에 탑재하여 공중에서 발사할 수도 있고, 아예 우주의 인공위성에 탑재하여 사용하려는 시험도 하고 있다. 러시아도 우주 기반의 미사일 방어 센서를 상대하는 레이저 무기를 개발 중이고, 중국도 저궤도 위성을 공격하기 위한 지상 기반의 고출력 레이저를 개발하고 있다.

최근에 군사적 위협을 일으키는 가장 큰 요소는 바로 킬러위성이다. 지상에서 우주에 있는 인공위성을 요격하는 것에서 더 나아가 인공위성을 격추하는 킬러위성을 우주에 띄우는 것이다. 미국, 러시아, 중국, 인도 등이 지상에서 위성을 격추하는 실험을 했지만, 사실 지구 궤도 위에서 빠르게 움직이는 인공위성을 지상에서 요격하는 데에는

우주 쓰레기가 온다

한계가 있다. 높은 고도에 있는 첩보위성은 요격하기가 어렵기 때문이다. 보통의 군사정찰위성은 고도를 높여 지구 궤도를 돌다가 중요한 정찰이 필요한 경우에만 수백 킬로미터의 고도로 내려와 영상 정보를 획득하고 다시 본 궤도로 올라간다. 이런 첩보위성에게는 위성요격이 무용지물이다. 그래서 킬러위성을 우주로 보내 목표 인공위성의 기능을 마비시키거나 인공위성 자체를 파괴하고자 하는 것이다. 킬러위성에 대응하는 보디가드 위성도 개발되고 있으니 우주위협에 대응하기 위한 방어 능력도 같이 증가하고 있다.

유엔에서는 우주 공간에 핵무기나 기타 대량파괴 무기를 시험하고 배치하는 것을 금지하고 있다. 하지만 상대국의 위성을 파괴하고 전파를 방해하는 등 우주위협에 대응하기 위한 시스템을 개발하는 것은 아무런 제한을 받지 않는다. 우주의 평화적 이용을 위해서 그리고 우주를 보호하기 위해서 우주위협에 대응하기 위한 우주 안보 능력을 확보하겠다는 것이 주요 국가들의 전략이다. 즉 우주 자산인 인공위성을 보호하고 정보에 우위를 점하면서 우주 공간의 산업적 이용을 위한 기술을 선점하려는 것이다.

한국도 2020년 7월 21일 최초의 군사 전용 통신위성인

아나시스 2호Anasis Ⅱ를 미국 플로리다주 케네디우주센터에서 팰컨 9 로켓에 실어 발사했다. 아나시스 2호가 발사되기 전에는 2006년에 발사된 무궁화 5호가 아나시스 1호로서 민·군 겸용으로 사용된 정지궤도 통신위성이었다. 민·군 겸용이다 보니 군사통신에서 중요한 적의 재밍을 막는 데 취약하다는 단점이 있었다. 군사작전을 하는데 중요한 순간에 통신이 제대로 되지 않는다면 치명적인 문제가 될 수도 있다. 그래서 군사 전용 통신위성인 아나시스 2호를 쏘아 올려 한국군의 독자적인 군사작전 능력을 확보한 것이다.

2019년 12월 미국은 육군, 해군, 해병대 및 해안 경비대 그리고 공군에 이어 제6군인 우주군을 공식 창설했다. 최근 러시아, 중국, 인도 등이 위성요격 기술과 같은 우주무기 개발에 박차를 가하면서 새로운 우주위협이 되고 있는 것이 미국이 우주군을 창설한 중요한 이유 중 하나이다.

우주에 대한 군사적인 관심이 시작된 것은 제2차 세계대전이 끝날 무렵 인류 최초의 탄도 미사일이 등장하면서부터였다. 우주 공간을 지나 빠른 속도로 목표물을 향해 낙하하는 탄도 미사일이 나타난 이후부터 우주 공간은 이미 우주전의 영역으로 들어왔다.

우주 쓰레기가 온다

1980년대 미국의 레이건 대통령은 '스타워즈 계획'이라고도 불리는 전략방위구상Strategic Defense Initiative, SDI을 발표한다. 적국이 쏜 탄도 미사일을 인공위성의 레이저 포격으로 격추한다는 내용이었지만 비용과 효용성 문제로 폐기되었다.

미국의 우주군 창설은 단지 우주에서 지상 목표를 타격하거나 적의 미사일을 요격하는 데 그치지 않고, 우주 공간 자체를 장악하여 우주에서의 절대적인 패권을 세우는 것을 목표로 하고 있다. 우주에서의 군사적 우위로 전방위 지배를 달성한다는 목표로 세워진 우주군은 '가디언즈guardians(수호자)'라고 불린다.

한국 공군은 '스페이스 오디세이Space Odyssey'라는 우주군사력 건설을 위한 계획을 갖고 있다. 2015년 7월 한국군 최초로 구축한 우주정보상황실에 이어 위성감시통제대를 창설하고 2050년까지 세 단계에 걸쳐 레이더 우주감시 체계를 구축하는 등 독자적인 우주감시 능력을 확보함과 동시에 각종 위성은 물론 고출력 레이저 무기 등을 확보하겠다는 계획이다.

우주를 둘러싼 상황은 결국 우주 활동의 안전safety, 안보security 그리고 지속 가능성sustainability으로 귀결된다고 할 수 있다. 우주 안보는 우주에서 발생하는 위험 또는 공격으로부터 안전하고 지속 가능한 우주 활동을 보장하기 위해 꼭 필요하다. 우주에서도 국민의 재산과 생명을 보호하고 유지해야 할 책임과 의무가 있기 때문이다.

미래의 우주 활동가를 위한
지속 가능한 우주를 꿈꾸며

2014년부터 매년 6월이 되면 오스트리아 빈을 방문한다. 유엔 COPUOS에 한국 대표단으로 참여하고 있기 때문이다. 처음으로 회의에 참석했을 때는 한국의 우주위험대비기본계획에 대해 발표했다.

2014년 5월, 한국은 우주로부터의 위험에 대해 국가 차원에서 미리 준비하는 '제1차 우주위험대비기본계획'을 세웠다. 인공위성이 지상에 추락해 국민의 안전을 위협하거나, 인공우주물체 간의 충돌로 인해 한국의 인공위성이 피해를 보는 경우 그리고 국제적인 재난이 될 소행성의 지구 충돌 위험에 대비하기 위한 계획이었다. 그에 관한 내용을 한국 대표단 자격으로 내가 발표하게 된 것이다. 영광이었지만 부담도 되었다. 발표를 잘 마친 뒤 회의에 참석한 사람들과 발표 내용에 관해 이야기를 나누었다. 이후 우주위험과 관련한 한국의 연구와 현황 등을 소개하고 우주위험에 관한 국제사회의 논의 동향을 파악하기 위해 매년 본회의에 참여하고 있다.

유엔 COPUOS에 한국 대표단으로 계속 참여하고 있다는 사실은 내겐 가장 큰 보람이자 자랑스러운 일이다. 우주 분야의 최고 위원회에 한국 대표로 참석하는 것이기에 영광스럽기도 하고, 내가 하는 연구가 우주의 평화를 지키는 일이라는 생각에 자부심이 생기기도 한다. 만화나 영화에서 지구를 지키는 주인공 같은 일을 지금 내가 하고 있다. 영화 〈아마겟돈〉이나 〈딥 임팩트〉처럼 지구로 다가오는 소행성을 발견해 지구와의 충돌을 막고, 영화 〈그래비티〉같이 우주 쓰레기로 인한 재난이 발생하지 않도록 방지하는 일을 하고 있는 것이다.

유엔 COPUOS는 전 세계의 국가들이 모여 우주의 평화적 이용을 위해서 우주개발과 관련한 연구들을 논의하고, 국제 협력을 이루어나가는 우주 분야의 실질적인 최고 국제회의이자 우주외교의 중심기구이다. 우주 공간의 탐사 및 평화적 이용에 관한 국가 간의 기술·법률적인 문제의 기본 원칙 그리고 우주개발의 이익 등을 획득하기 위한 국제 협력에 대해 심의하고, 유엔

총회에 권고하거나 제안하는 역할을 한다. 유엔 외기권사무국이 이 회의를 총괄하고 있다.

COPUOS는 매년 2월에는 과학기술소위원회를, 4월에는 법률 소위원회를, 6월에는 본회의를 연다. 모두 오스트리아 빈에 있는 유엔 빈 사무국에서 열린다. 나는 매년 본회의에 참가해오다가 2020년에는 과학기술소위원회에도 참석했다. 과학기술소위원회는 우주 활동이나 원자력 연료의 사용, 우주환경, 우주 잔해물이나 근지구천체에 대한 과학기술적인 심의와 국제 협력 활동을 위주로 하는 위원회이다. 특히 이번 회의에서는 복잡해지고 있는 우주 공간에서 좀 더 안전한 활동을 하기 위한 방법을 논의했다.

COPUOS에서는 오랫동안 우주에서 공유지의 비극이 벌어지지 않도록 안전한 우주 활동을 위한 질서를 만들고자 노력해왔다. 이윽고 2019년 6월 21일, 유엔 COPUOS 본회의에서 회원국들이 만장일치로 '우주 활동의 장기 지속 가능성 가이드라인 Long-term Sustainability of Outer Space Activities, LTS을 합의했다. 이 가이드라인은 크게 네 가지 사항을 고려하도록 권장하고 있다. 첫 번째는 책임 있는 우주 활동을 위해 국가가 우주 활동을 감독하도록 정책을 만들고 규칙을 정해야 한다는 것이다. 두 번째는 안전한 우주 활동을 위해 우주물체의 궤도 정보를 분석해 충돌과 추락 위험이 있는지 등을 국제사회가 함께 공유하도록 요구하는 것이다. 세 번째는 지속 가능한 우주 활동을 위해서 우주개발 선진국과 후발국 모두 정보와 경험을 공유하며 우주 활동의 지속 가능성을 높이도록 노력하자는 것이다. 마지막 네 번째는 지속 가능한 우주 활동을 위한 연구 개발을 장려하고 지원하라는 것이다.

각 국가가 지속 가능한 우주 활동을 위해 필요한 연구와 정책들을 마련하는 기본 지침을 정한 것이라, 앞으로 한국도 이 가이드라인에 준해서 우주개발 관련 정책과 연구를 진행할 것이다.

한국은 독자적인 우주발사체를 만들고 있고, 아리랑위성이나 정지궤도복합위성과 같은 인공위성들을 운용하는 등 우주를 자유롭게 이용하고 있다. 하지만 유엔 COPUOS 같은 곳에서 모든 우주 활동 국가가 참여해 각국의 우주개발이나 현황을 발표하는 것을 들으면 한국의 역량이 다른 우주 선진국을 따라가기에는 아직 많이 부족함을 절실히 깨닫게 된다. 특히 미국이나 중국의 달과 화성 탐사에 관한 계획, 국제우주정거장 운영 등의 우주 활동, 우주를 활용한 지구의 재난·재해 대응 등에 대한 이야기를 들으면 우주개발의 큰 줄기를 이루며 선도적인 역할을 하고 있는 것 같아 부러워진다.

우주 활동의 장기 지속 가능성 가이드라인이 있다 하더라도, 우주라는 한정된 공유지를 누가 먼저 많이 차지하느냐에 따

우주 쓰레기가 온다

라 새로운 규칙을 정하고 선도하는 국가가 생기기 마련이다. 미국과 소련이 냉전 시대에 우주개발을 경쟁적으로 주도했다면, 지금은 중국이 미국과 대등한 실력으로 우주개발을 해나가며 우주 공간 사용에 대한 발언권을 높이고 있다.

한국도 넋을 놓고 있다가는 우주개발 경쟁에 끼지도 못하게 될 수 있다. 아직은 열심히 쫓아가는 입장이지만 언젠가는 우주라는 공유지에 한국만이 할 수 있는 독자적인 과학기술 영역을 구축해야 한다. 미소의 우주개발 경쟁 구도에서 중국이 부상해 미중 경쟁이 된 것처럼 한국도 우주개발을 주도하는 날이 올 수 있다. 이제 한국이 우주개발을 본격적으로 시작한 지 30년이 되어간다. 우주개발은 항상 실패를 딛고 한 단계씩 성장한다. 실패를 두려워한다면 독자적인 기술을 확보하지 못할 것이다.

한국의 우주개발은 대부분 처음에는 해외의 도움을 받지만, 그 다음부터는 한국만의 기술을 확보한다. 그렇게 독자적인 기술을 확보해나가며 시행착오를 극복한다면 한국도 안전한 우주 활동에 동참하여 달로, 화성으로, 우주로 계속해 나아갈 수 있을 것이다. 물론 우주개발과 함께 지속 가능한 우주 활동을 위한 우주환경 보호에도 노력을 쏟아야 할 것이다.

스위스에 체르마트Zermatt라는 마을이 있다. 이 마을에는 '지속 가능한 관광'을 위해 화석연료를 쓰는 자동차의 출입을 금지하고 있다. 그래서 체르마트에 가려면 기차를 타고 들어가 체르마트에서 운행하는 친환경 전기차를 타거나 걸어 다녀야 한다. 다소 불편해 보이지만 국가 차원에서 자연환경을 보전하기 위한 교통 체계를 만들기 위해 조치한 것이다. 교통의 불편에도 불구하고 주민들은 높은 환경의식으로 이를 지키고 있다. 아마도 이러한 노력들이 체르마트를 지속 가능한 친환경 마을로 만들었으리라 생각한다.

체르마트에 비하면 우주는 비교할 수 없이 넓고 광활하다. 하지만 체르마트가 이룩한 '지속 가능한 친환경'을 지구 전체로 그리고 우주로 확장해나가는 것이 인류가 미래 세대를 위해 짊어져야 할 책임이 아닐까. 지속 가능한 우주 활동을 위한 가이드라인을 지키려는 국제사회의 노력이 계속되어 여러분 누구라도 우주에서 안전하게 활동할 수 있는 날이 오기를 바란다.

몇 년 후에는 이 책을 읽는 누군가가 우주탐사를 하고 있을지도 모른다. 그 여정이 안전할 수 있게 나도 우주감시 연구를 계속하며 지구와 우주의 평화를 지키는 지킴이로 힘을 보탤 수 있길 바라본다.

우주 쓰레기가 온다

참고문헌

사이트

미국 연합우주작전센터 제공 인공우주물체 데이터 www.space-track.org

미국항공우주국 우주 쓰레기 프로그램 사무소 orbitaldebris.jsc.nasa.gov

우주환경감시기관 www.nssao.or.kr

유럽우주기구 우주 쓰레기 뉴스 www.esa.int/Safety_Security/Space_Debris

유엔 우주사무국 www.unoosa.org

일본우주항공연구개발기구 우주상황인식 시스템 global.jaxa.jp/projects/ssa

한국천문연구원 www.kasi.re.kr

한국항공우주연구원 www.kari.re.kr

도서

양서윤, 《세상에 대하여 우리가 더 잘 알아야 할 교양: 우주개발, 우주 불평등을 초래할까?》, 내인생의책, 2019.

장영근, 《인공위성과 우주》, 장영근, 일공일공일(10101), 2000.

최규홍, 《천체역학》, 민음사, 1997.

홍용식, 《인공위성과 우주발사체》, 청문각(교문사), 1995.

Dave Baicocchi, William Welser IV, *Confronting Space Debris,* RAND Corporation, 2010.

Heiner Klinkrad, *Space Debris: Models and Risk Analysis,* Springer, 1997.

Joseph N. Pelton, *New Solutions for the Space Debris Problem,* Springer, 2015.

Joseph N. Pelton, *Space Debris and Other Threats from Outer Space,* Springer, 2013.

Nickolay N. Smirnov, *Space Debris: Hazard Evaluation and Mitigation,* Taylor & Francis, 2002.

Robin Biesbroek, *Active Debris Removal in Space,* CreateSpace Independent Publishing Platform, 2015.

논문

김광영(1995), 〈SPACE DEBRIS의 전파 방해(우주 쓰레기 종량제 입박)〉, 《전자파기술》 Vol. 6, No. 2, 54-58.

김한택(2010), 〈환경보호에 관한 국제 우주법연구〉, 《항공우주정책·법학회지》 Vol. 25 No. 1, 205-236.

김해동(2020), 〈우주 쓰레기 경감 가이드라인 동향 및 향후 전망〉, 《한국항공우주학회지》 Vol. 48 No. 4, 311-321.

김해동, 김민기(2015), 《우주파편 능동제거 기술 연구개발 동향 분석》, 《한국항공우주학회지》 Vol. 43 No. 9, 845-857.

안진영(2014), 〈우주활동의 장기 지속가능성에 관한 소고〉, 《항공우주산업기술동향》 Vol. 12 No, 2, 23-32.

이영진(2014), 〈우주폐기물과 지구 및 우주환경의 보호〉, 《항공우주정책·법학회지》 Vol. 29 No. 2, 205-237.

정영진(2015), 〈우주의 군사적 이용에 관한 국제법적 검토〉, 《항공우주정책·법학회지》, Vol. 30 No. 1, 303-325.

Akhil Rao, Matthew G. Burgess, and Daniel Kaffine(2020), Orbital-use fees could more than quadruple the value of the space industry, *PNAS,* 117(23).

Bhavya Lal, et. al.(2018), Global Trends in Space Situational Awareness(SSA) and Space Traffic Management(STM), IDA Science & Technology Policy Institute, IDA Doc. D-9074.

Brian Weeden(2014), Interantional Perspectives on Rendezvous and Proximity Operations in Space and Space Sustainability, UN COPUOS STSC.

Eun-Jung Choi, et al.(2017), A Study on Re-entry Predictions of Uncontrolled Space Objects for Space Situational Awareness, J. *Astron. Space Sci.* 34(4), 289-302.273.

Laurence Nardon(2007), Space Situational Awareness and International Policy, Presentation for an Expert Meeting on "Space Situational Awareness for Europe", European Space Policy Institute(ESPI).

Siwoo Kim, Byeong-Un Jo, Eun-Jung Choi, Sungki Cho, Jaemyung Ahn(2019), Two-phase framework for footprint prediction of space object reentry, *Advances in Space Research,* 64(4), 824-835.

Spencer Kaplan(2020), Eyes on the Prize, URL: https://aerospace.csis.org/eyes-on-the-prize/.

Timothy Carrico, et al.(2006), Proximity Operations for Space Situational Awareness, AMOS Conference.

추천의 말

한국천문연구원의 최은정 박사는 대학원생 시절부터 시작해 지난 20여 년간 우주물체의 움직임과 그로 인한 위험을 연구하는 데 매진해왔다. 인공위성과 우주 쓰레기에 관한 지식을 우리에게 가장 잘 설명해줄 수 있는 국내 몇 안 되는 전문가이다. 우주 쓰레기 문제가 얼마나 심각한지, 이를 해결하기 위해서는 어떻게 해야 하는지를 해박한 지식으로 풀어내는 저자의 목소리가 귀하고 반갑다.

– 이형목 서울대학교 물리천문학부 교수, 전 한국천문연구원장

나로호 발사부터 독자적 우주감시까지 대한민국은 이제 우주 선진국이다. 우주감시 현장의 최전선에서 오랜 시간 일해온 저자의 이력이 빛을 발한다. 책에는 현장에서 쌓은 저자의 경험과 통찰이 생생히 녹아 있다. 우주감시의 역사부터 현재 기술의 수준과 한계를 짚어내고, 우주환경 문제의 현황과 대안까지 대중의 눈높이로 쉽게 풀어냈다.

– 조광래 전 한국항공우주연구원장

일론 머스크가 스타링크 위성들을 쏘아 올리기 전만 해도 우주 쓰레기는 영화에서나 나올법한 이야기로 들렸다. 하지만 지금은 우주개발을 지속하기 위해 '지금 당장' 해결해야 할 '심각한' 문제가 되었다. 뉴 스페이스 시대의 우주개발에는 새로운 규범이 필요하다. 이 책이 우주개발에 참여하는 모두에게 중요한 가이드가 되어줄 것이다. 함께 일했던 동료로서 앞으로의 연구에 성원을 보낸다.

– 박성동 쎄트렉아이 이사회 의장

시대가 달라지면 위험 요소도 바뀐다. 우주 쓰레기는 현재에 성큼 다가와 있는 미래의 위험이자 이미 시급한 우리 시대의 현안이다. 저자는 현재를 위협하고 있는 미래의 위험에 대한 자각을 촉구한다. 연구 현장에서 우주 쓰레기를 모니터링하고 그 대책을 찾아나가는 과학자들의 목소리에 귀 기울여야 할 것이다. 이 책은 우리의 미래를 대비하기 위한 지침서이다.

— **이명현** 천문학자, 과학책방 갈다 대표

인공위성에서 비롯된 우주 쓰레기는 어디로 튈지 모르는 위험천만한 존재로 지구를 맴돌고 있다. 우주개발의 빛나는 역사가 계속되기 위해서는 그 빛에 가려진 어두운 단면을 지켜보는 일 역시 반드시 필요할 터. 이 책 속에 그 노력이 담겨 있다. 우주의 평화를 모색하는 저자의 안내를 따라가보자. 우주를 바라보는 새로운 시각을 얻을 수 있을 것이다.

— **서동준** 동아사이언스 《과학동아》 기자

승리호 선원이 되기 위한 필수 매뉴얼! 과장이 아니다! 가벼운 마음으로 집었다가 우주 청소부 자격증 준비를 해도 될 만큼 전문적이고 상세한 내용에 놀랐다. 우주 쓰레기가 어디에 얼마나 있고, 어떻게 처리하는지에 대한 귀한 자료로 가득한 책. 내버려두면 언젠가는 우리 머리 위로 쏟아져 내릴지 모를 무수한 인공체들. 우주 개척 시대와 함께 곧 닥쳐올 우주 청소 시대를 이 책으로 대비하자.

— **김보영** SF 작가, 《얼마나 닮았는가》 저자

우주 쓰레기가 온다

지속 가능한 평화적 우주 활동을 위한 안내서

초판 1쇄 발행 2021년 7월 1일
초판 5쇄 발행 2022년 11월 1일

지은이 • 최은정

펴낸이 • 박선경
기획/편집 • 이유나, 강민형, 오정빈, 지혜빈
마케팅 • 박언경, 황예린
디자인 • studio forb
제작 • 디자인원

펴낸곳 • 도서출판 갈매나무
출판등록 • 2006년 7월 27일 제395-2006-000092호
주소 • 경기도 고양시 일산동구 호수로 358-39 (백석동, 동문타워 I) 808호
전화 • (031)967-5596
팩스 • (031)967-5597
블로그 • blog.naver.com/kevinmanse
이메일 • kevinmanse@naver.com
페이스북 • www.facebook.com/galmaenamu

ISBN 979-11-90123-99-0 03440
값 17,000원